Einführung in die thomistische Metaphysik XI

Die Engel

Einführung in die thomistische Metaphysik XI

Die Engel

Miguel Grosso

Erstausgabe April 2024
Copyright © 2023 Miguel Alberto Grosso
ISBN 9798324642174
grossomiguel2005@yahoo.com.ar
Unabhängige Veröffentlichung
Alle Rechte vorbehalten

Originaltitel: *Introducción a la Metafísica Tomista XI*
Los ángeles
Autor: Miguel Grosso (2020)

INHALTSVERZEICHNIS

EINLEITUNG 1
1. DIE HERKUNFT DER ENGEL 5
2. DIE SUBSTANZ DER ENGEL 10
3. DIE ENGELSARTEN 22
4. DIE ZAHL DER ENGEL 28
5. DER ENGEL UND DER ORT 34
6. DIE ENGEL UND DIE BEWEGUNG 42
7. DAS WISSEN IN DEN ENGELN (1) 46
8. DAS WISSEN IN DEN ENGELN (2) 63
9. DAS WISSEN IN DEN ENGELN: ZUSAMMENFASSUNG (3) 69
10. DER WILLE DER ENGEL 73
11. DIE ENGEL UND DIE GÖTTLICHE VORSEHUNG 84
12. DIE ENGELS HIERARCHIE 90
13. DIE ENGEL UND DER MENSCH 93
ZUM ABSCHLUSS 97
ENDNOTEN

EINLEITUNG

Abgesehen von seinen Kommentaren zur Heiligen Schrift sind die Gelegenheiten, in denen Sankt Thomas das Engelsthema behandelt hat, zahlreich. In vielen Fällen vermischen sich metaphysische Überlegungen mit theologischen. Wir haben versucht, nur diejenigen aufzulisten, die metaphysische Strenge aufweisen. Unserer Meinung nach sind dies:[1]

1. Im *Kommentar zu den Sentenzen des Petrus Lombardus*:

1.1. Buch I, Unterscheidung 37, Frage 3 und 4. Er untersucht den Ort und die örtliche Bewegung der Engel.

1.2. Buch II, Unterscheidung 1-11. Behandelt dieselben Probleme wie in der *Summa Theologica*, erster Teil, Fragen 50-64 und 106-114: Natur, Operationen, Ursprung und Dienst der Engel. In letzterem Fall muss ich darauf hinweisen, dass die Fragen 62 und später in der *Summa Theologica* **hauptsächlich** mit der göttlichen Offenbarung verbunden sind und weniger mit Metaphysik.

2. In der *Summa contra Gentiles (Summe gegen die Heiden)* widmet er den Engeln 32 Kapitel:

2.1. Buch II, Kapitel 45-56 und 91-101.

2.2. Buch III, Kapitel 78-80, 88, 103 und 106-110.

3. In den *Quaestiones disputatae* heben wir hervor:

3.1. *De Veritate*

3.1.1. Frage 8 und ihre 17 Artikel: bezogen auf das Wissen der Engel.

3.1.2. Frage 9 und ihre 7 Artikel: bezogen auf die Erleuchtung und Sprache der Engel: Ob die Engel sich gegenseitig erleuchten und miteinander kommunizieren.

3.2. *De Potentia*

3.2.1. Frage 3, Artikel 18 und 19: spricht über die Erschaffung der Engel.

3.2.2. Frage 6, Artikel 3 bis 8: Indem er das Problem des Wunders erklärt, zeigt er das Eingreifen der Engel darin auf (a. 3-5); sie klären, ob die Engel natürlich mit einem Körper verbunden sind oder ihn annehmen können und welche Operationen sie durch eine solche Verbindung ausüben können (a. 6-8).

3.3. *De spiritualibus creaturis*: das in seinen 11 Artikeln die Unkörperlichkeit und Unmaterialität der getrennten und intellektuellen Substanzen studiert.

3.4. *De anima*

3.4.1. Artikel 6: bestimmt den immateriellen Charakter der Engel.

3.4.2. Artikel 7: untersucht den Unterschied zwischen ihnen und der menschlichen Seele.

3.4.3. Artikel 15 bis 21: die getrennten Substanzen als Objekt des menschlichen Verstandes.

4. In den *Quaestiones quodlibetales* unterscheiden wir:

4.1. *Quodlibetum I*, Frage 3, Artikel 4-5: spezifiziert den Ort und die örtliche Bewegung der Engel.

4.2. *Quodlibetum II*

4.2.1. Frage 2, Artikel 3-4: behandelt die Einfachheit der Engel, obwohl in ihnen eine Zusammensetzung von Wesen und Existenz, von Akt und

Potenz vorhanden ist.

4.2.2. Frage 3, Artikel 5: untersucht die Bewegung der geistigen Kreatur.

4.3. *Quodlibetum III*. Die Frage 8, Artikel 20, behandelt das Thema der Unkörperlichkeit der menschlichen Seele und der intellektuellen Substanzen.

4.4. *Quodlibetum V*. Frage 2, Artikel 2-3, untersucht die Handlung und den Ort der Engel.

4.5. *Quodlibetum VII*

4.5.1. Frage 1, Artikel 3, bestimmt, ob Einzelne das Objekt des Engelverstandes sind.

4.5.2. Frage 4, Artikel 7, greift das Problem der Einfachheit des Engels auf, die mit seiner Zusammensetzung von Akzidens und Subjekt vereinbar ist.

4.6. *Quodlibetum IX*. Frage 4, Artikel 6-10: ist ein Kompendium über das Wesen, das Wissen, den Verdienst, die Bewegung und den Einfluss der Engel auf das Körperliche.

4.7. *Quodlibetum X* widmet die Frage 2, Artikel 4, der Dauer der Engel.

4.8. *Quodlibetum XI* widmet die Frage 4, Artikel 4, der Engelbewegung.

4.9. *Quodlibetum XII*. Frage 5, Artikel 5-6: betrachtet das Sein der Engel und ihr Wissen im Zusammenhang mit den Gedanken der Menschen.

5. Betrachtet man nun die **Opuskeln und andere Werke**, können wir aufzählen:

5.1. *Expositio in Dionysium "De divinis nominibus"*, widmet Kapitel 4, Lektion 7 der Bewegung der Engel.

5.2. ***In librum "De causis" expositio*** zeigt, dass die getrennten Intelligenzen den mittleren Platz zwischen Gott und den körperlichen Dingen einnehmen.

5.3. ***De substantiis separatis, seu de angelorum natura, ad fratrem Reginaldum socium carissimum*** widmet seine 18 Kapitel dem Thema, das uns beschäftigt.

5.4. ***De unitate intellectus contra averroïstas*** bestimmt die Natur der getrennten Substanzen und wie der Verstand nicht einzigartig und universal für alle intelligenten Seienden ist, sondern eine intellektuelle Potenz dieser Seienden.

5.5. ***Declaratio triginta sex quaestionum ad lectorem Venetum***. In den Artikeln 1-11 und 15-16 bezieht er sich auf das Thema des Einflusses und des Engelsdienstes auf die Dinge.

5.6. ***De ente et essentia (Über das Seiende und das Wesen)*** widmet das Kapitel 5 dem Thema der Engel.

6. ***Summa Theologica***. Verdient eine gesonderte Erwähnung. Wir beginnen mit den wichtigsten Werken und schließen die Liste mit dem Hauptwerk des Sankt Thomas. Den Engeln sind die Fragen 50-61 und 106-114 des ersten Teils gewidmet. Bei den Fragen 106-114 ist zu unterscheiden, was streng metaphysisch ist und was mit der geoffenbarten Theologie zusammenhängt.

1. DIE HERKUNFT DER ENGEL

Sankt Thomas stellt das Problem der Produktion der Engel in ihrem natürlichen Sein dar.

I-Der Engel ist verursacht (*Summa Theologica* I, q.61 a.1)

Der Engel und alle anderen Seienden im Universum, die nicht Gott sind, wurden von Ihm gemacht. Dies wird folgendermaßen bewiesen:

1-Bei allen Seienden ist die Essenz wirklich verschieden vom Sein, außer bei Gott. Die Seienden nehmen am Sein Gottes teil, das ihre eigene Essenz und Existenz ist. Er ist das selbstbestehende Sein; die Seienden existieren durch Teilnahme.

2- Alles, was durch Teilnahme existiert, hat seine Ursache in dem, was durch Wesen existiert. Daher müssen die Engel von Gott erschaffen worden sein.

In *De Potentia Dei* Frage 3, Artikel 5 fragt sich Sankt Thomas, *ob es etwas geben kann, das nicht von Gott erschaffen wurde.*

Er antwortet, dass es unmöglich ist, dass ein Seiendes existiert, das nicht von Gott erschaffen wurde. Er lehrt, dass es eine gewisse universelle Ursache für die Dinge gibt, von der aus alle anderen Dinge existieren. Sofort bietet er drei Argumente zur Unterstützung seiner Aussage:

1-**Das erste Argument**. Es ist notwendig, dass, wenn etwas in vielen gemeinsam vorkommt, es in ihnen durch eine einzige Ursache verursacht wird. Das heißt: Allen Seienden kommt das Sein zu. Jedes Seiende ist einzigartig. Keines ist seine eigene Ursache. Daher, wenn alle verursacht sind und sich unterscheiden, aber dasselbe teilen: das Sein; dann haben alle dieselbe Ursache des Seins, weil verschiedenen Ursachen unterschiedliche Wirkungen entsprechen.

*Da daher das Sein allen Dingen gemeinsam gefunden wird, die gemäß ihrer jeweiligen Natur voneinander unterschieden sind, muss es notwendigerweise ihnen nicht von sich selbst, sondern von einer einzigen Ursache zugeschrieben werden. Und das scheint die Ansicht Platons zu sein, der wollte, dass vor jeder Vielheit eine Einheit existiert, nicht nur in den Zahlen, sondern auch in den Naturen der Dinge.*₂

2-**Das zweite Argument.** Wenn etwas in vielen Seienden auf unterschiedliche Weise teilgenommen wird, muss es allen Seienden zugeschrieben werden, in denen es auf weniger perfekte Weise vorhanden ist, durch das, in dem es am perfektesten vorhanden ist. Diese Argumentation ist mit dem Vierten Weg verbunden.

3-**Das dritte Argument**. Es dasselbe, das wir oben erklärt haben, entnommen aus der *Summa Theologica*: Was durch ein Anderes ist, wird durch dasjenige, das durch sich selbst ist, als seine Ursache reduziert.

Zusammenfassend: Der Engel (Effekt) ist ein Seiendes, das von Gott (unerzeugte Erste Ursache) in seinem Sein verursacht wurde, das heißt, er wurde aus dem Nichts geschaffen, wie der Mensch und die Welt.

II-Der Engel ist in der Zeit verursacht (*Summa Theologica* I, q.61 a.2)

In diesem Aspekt argumentiert Sankt Thomas, dass die Engel nicht von Gott in der Ewigkeit, sondern in der Zeit erschaffen wurden. Daher existierten sie zu einem bestimmten Zeitpunkt nicht. In diesem Fall tritt dasselbe ein, wie wir es bereits bei der Schöpfung der Welt gesehen haben: Die Aussage kann nicht philosophisch bewiesen werden, aber das Gegenteil kann auch nicht bewiesen werden. Es ist eine Frage des Glaubens.

Dennoch halte ich es für aufschlussreich, die drei Gründe zu überprüfen, die von denen angeboten werden, die behaupten, dass der

Engel in der Ewigkeit geschaffen wurde, sowie die Antworten, die der Aquinate gegeben hat:

1-Gott ist die Ursache des Engels durch sein eigenes Sein, denn wenn Gott handelt, tut er dies durch seine eigene Essenz. Es gibt keine Unterschiede jeglicher Art zwischen Sein und Handeln in Gott. Sein Sein ist ewig. Daher hat Gott die Engel seit Ewigkeit erschaffen.

Auf das antwortet der engelhafte Doktor: Gottes Sein ist auch sein Wille. Wir wissen bereits, dass Gott alles frei geschaffen hat, nicht aus Notwendigkeit. Daher hat Gott die Engel geschaffen, als er wollte.

2-Jedes Seiende, das in einem Moment nicht existiert und in einem anderen existiert, ist der Zeit unterworfen. Im *Liber de Causis* (von einem unbekannten Autor, fälschlicherweise Aristoteles zugeschrieben) wird jedoch gesagt, dass der Engel über der Zeit steht. Es gibt also nicht eine Zeit, in der der Engel existiert, und eine Zeit, in der er nicht existiert, sondern er existiert immer.

Auf das antwortet der engelhafte Doktor: Es ist wahr, dass der Engel über der Zeit steht. Aber über der Zeit, die die Bewegungen der körperlichen Seienden misst. Er steht nicht über der Zeit, die die Abfolge des Seins und die Zeit, die die eigentlichen Handlungen der Engel misst, steht.

3-Der heilige Augustinus sagt, dass die menschliche Seele, als intellektuelle Substanz, unvergänglich ist, weil der Verstand die Wahrheit erreichen kann, die unvergänglich ist und folglich ewig ist. Daher genießt der Engel, als intellektuelle Substanz, eine Natur, die unvergänglich und ewig ist.

Auf das antwortet der Gemeinsame Doktor: Es ist wahr, dass sowohl Engel als auch Seelen unvergänglich sind, weil sie eine Natur haben, die fähig ist, die Wahrheit zu erreichen. Aber daraus folgt nicht, dass sie seit

Ewigkeit existieren, sondern dass Gott sie frei gegeben hat, als er wollte. Daher folgt nicht, dass die Engel seit Ewigkeit existieren.

III-Der Engel wurde nicht vor den körperlichen Seienden erschaffen (*Summa Theologica* I, q.61 a.3)

Dieses Problem wurde von verschiedenen Meinungen behandelt. Sankt Thomas neigt dazu zu denken, dass die Engel zur gleichen Zeit wie die körperlichen Kreaturen erschaffen wurden:

1-Die Engel sind ein Teil des geschaffenen Universums. Zusammen mit den anderen Seienden bilden sie die Schöpfung: Sie bilden kein separates Universum.

2-Das Wohl des Universums besteht in der Ordnung, die die Dinge untereinander haben. Deshalb ist kein Teil vollkommen, wenn er vom Ganzen getrennt ist.

3-Daher ist es unwahrscheinlich, dass Gott die Engel getrennt und vor den anderen Kreaturen erschaffen hat.

Darüber hinaus würde der allgemeine Plan der Schöpfung eine offensichtliche Lücke aufweisen, wenn die Engel nicht existierten. Die Hierarchie der Seienden ist kontinuierlich. Jede Natur einer höheren Stufe berührt, durch das, was sie weniger edel hat, das, was in den Kreaturen der unmittelbar niedrigeren Ordnung edler ist. Die intellektuelle Natur steht über der körperlichen Natur, und doch berührt die Ordnung der intellektuellen Naturen die Ordnung der körperlichen Naturen durch die weniger edle intellektuelle Natur, die die rationale Seele des Menschen ist. Andererseits wird der Körper, mit dem die rationale Seele verbunden ist, durch diese Verbindung selbst auf die höchste Stufe der Körperhierarchie erhoben; daher ist es notwendig, dass die Ordnung der Natur einen Platz *für die über der menschlichen Seele stehenden intellektuellen Kreaturen reserviert, das heißt für die Engel, die nicht mit einem Körper verbunden sind.*₃

2. DIE SUBSTANZ DER ENGEL

Der Engel ist eine immaterielle, rein intellektuelle Substanz.

Die immaterielle Substanz kann definiert werden als eine Substanz, die zwischen Gott und den körperlichen Kreaturen liegt.[4]

In der *Summa contra Gentiles* Buch II, Kapitel 49, zeigt Sankt Thomas, dass keine intellektuelle Substanz Körper ist, ein Beweis, der auch auf den Engel zutrifft:

1-Wenn ein Körper einen anderen enthält, wird er auch einen Teil von diesem enthalten, mit einem Teil von ihm, mit einem größeren oder kleineren Teil, je nachdem, ob der enthaltene Teil größer oder kleiner ist. Aber das Verständnis führt die intellektuelle Erfassung nicht aufgrund einer quantitativen Proportion durch. Das Verständnis begreift mit seinem ganzen Sein das Ganze und den Teil, das Mehr und das Weniger in der Menge. Daher ist keine intellektuelle Substanz ein Körper.

2-Kein Körper kann die Form eines anderen Körpers erhalten, es sei denn, er verliert durch Korruption seine eigene Form. Aber das Verständnis verdirbt nicht, wenn es die Formen aller Körper annimmt. Im Gegenteil, es vervollkommnet sich, denn es versteht, solange es die Formen der Objekte, die es versteht, in sich hat. Daher ist keine intellektuelle Substanz ein Körper.

3-Die *materia signata quantitate* individualisiert die Formen und bildet die körperlichen Seiende in verschiedenen Individuen derselben Art. So können wir einen Körper vom anderen unterscheiden, solange sie individuell voneinander verschieden sind. Daher wird die Form nicht im Körper empfangen, es sei denn, sie ist individualisiert, das heißt, ein Körper enthält keinen anderen Körper, es sei denn, durch eine individualisierte Form in diesem bestimmten und spezifischen Körper. Aber in Bezug auf das Verständnis ist dies nicht der Fall. Das Verständnis oder die Intelligenz nimmt die Formen der Seiende entsprechend den

Formen derselben an, die es bereits in sich hat, und nicht entsprechend der individuellen Form in den Seiende, die es kennt. Andernfalls würde es nur das Besondere der Seiende verstehen oder kennen. Und wir wissen, dass es auch das Universelle versteht oder kennt und nicht nur das Besondere. Daher ist keine intellektuelle Substanz ein Körper.

4-Nichts wirkt außerhalb seiner Art, da die Form das Wirkprinzip für alles ist. Wenn das Verständnis körperlich wäre, würde seine Handlung nicht über die Ordnung der Körper hinausgehen. Aber dies ist offensichtlich falsch, denn wir verstehen viele Dinge, die keine Körper sind. Daher ist keine intellektuelle Substanz ein Körper.

5-Wenn die intellektuelle Substanz körperlich wäre, wäre sie ein endlicher oder unendlicher Körper. Nach Aristoteles ist es für einen unendlichen Körper unmöglich, im Akt zu existieren. Es müsste also ein endlicher Körper sein. Aber auch das ist unmöglich, denn in keinem endlichen Körper kann eine unendliche Potenz vorhanden sein. Und die Potenz des Verstandes ist in gewissem Sinne unendlich. In der Tat können wir verschiedene Dinge verstehen, sowohl partikuläre als auch universelle, und zwar in einer Weise, die unerschöpflich zu sein scheint. Unser Verstand scheint bereit zu sein, unendlich viele Personen und Fragen aufzunehmen. Die intellektuelle Substanz ist also kein Körper.

6-Es ist unmöglich, dass sich zwei Körper gegenseitig enthalten, da der Behälter den Inhalt überschreitet, während sich zwei Verständnisse gegenseitig enthalten und verstehen, indem sie einander verstehen. Daher ist die intellektuelle Substanz kein Körper.

7-Keine Handlung eines Körpers kehrt auf den Agenten zurück, wie Aristoteles in seiner *Physik* Buch 1, zeigt. Tatsächlich bewegt sich kein Körper von selbst, es sei denn teilweise, so dass ein Teil davon bewegt und der andere bewegt wird. Aber das Verständnis kehrt auf sich selbst zurück, denn es versteht nicht nur einen Teil von sich selbst, sondern alles, was ist. Daher ist die intellektuelle Substanz kein Körper.

8-Die Aktivität des Körpers endet nicht in der Handlung, noch die Bewegung in der Bewegung, wie Aristoteles in seiner *Physik* Buch 1,5, zeigt. Aber die Aktivität der intelligenten Substanz kann in der Handlung selbst enden; denn genauso wie das Verständnis eine Sache versteht, versteht es auch, dass es versteht, und so weiter unendlich. Daher ist die intellektuelle Substanz kein Körper.

Im Engel gibt es keine Zusammensetzung von Materie und Form. Es ist unmöglich, dass die intellektuelle Substanz irgendeine Art von Materie hat. Erinnern wir uns daran, dass *das Handeln dem Sein folgt*. Daher geschieht die Operation eines jeden Seienden gemäß der Art seiner Substanz. Der Akt des Verstehens ist eine vollständig immaterielle Operation. Dies wird durch die Untersuchung ihres Objekts bestätigt. Um zu erkennen, nehmen unsere Sinne die Seienden der Realität wahr, aber es ist der Verstand, der ihre Essenz von der Materie abstrahiert. In dieser sind die Formen individuelle Formen, die vom Verstand nicht als solche wahrgenommen werden können. Es erfasst die Seienden der Realität nicht gemäß ihrem Seinsmodus, sondern gemäß seinem eigenen. Daher können die dem Verständnis unterworfenen Seienden in ihm eine viel einfachere Art des Seins haben als die, die sie selbst haben.

Die engelhaften Substanzen hingegen stehen über unserem Verstand. Deshalb kann unser Verstand sie nicht so begreifen, wie sie an sich sind, sondern nur auf ihre Weise, das heißt, so wie er zusammengesetzte Dinge begreift.[5]

In der *Summa contra Gentiles* Buch II, Kapitel 50, zeigt Sankt Thomas, dass die intellektuellen Substanzen immateriell sind, das heißt, dass es im Engel keine Zusammensetzung von Materie und Form gibt:

1-Jedes Seiende, das aus Materie und Form zusammengesetzt ist, ist ein Körper. Es wurde im Kapitel 49 gezeigt, dass die intellektuelle Substanz kein Körper ist. Daher ist keine intellektuelle Substanz aus Materie und Form zusammengesetzt.

2-Jedes Seiende, das aus Materie und Form zusammengesetzt ist, besteht aus individualisierter Materie und Form. Der Verstand erkennt das Seiende, indem er die Form von der Materie abstrahiert. Nur so kann er die Essenz durchdringen und das von den Sinnen Gegebene erkennen. Indem er das Sein der Seienden intelligibel macht, wird es erkennbar und eins mit dem Verstand. Daher muss der Verstand sich von der individuellen Materie unabhängig machen. Daher ist keine intellektuelle Substanz aus Materie und Form zusammengesetzt.

3-Die Handlung eines Zusammengesetzten aus Materie und Form ist nicht nur von der Form oder nur von der Materie, sondern von dem Zusammengesetzten. Aber da das Handeln dem Seiende folgt, und das Sein des Zusammengesetzten durch die Form ist, handelt der Agent daher durch die Form. Wenn die intellektuelle Substanz aus Materie und Form zusammengesetzt wäre, würde das Verstehen dem Zusammengesetzten zugeschrieben werden. Außerdem endet die Akt des Agenten in etwas Ähnlichem wie dem Agenten. Dies erklärt, warum ein erzeugendes Zusammengesetztes keine Form erzeugt, sondern ein anderes Zusammengesetztes aus Materie und Form. *Daher, wenn das Verstehen eine Handlung des Zusammengesetzten wäre, würde es nicht die Form oder die Materie verstehen, sondern nur das Zusammengesetzte. Eine solche Falschheit ist offensichtlich.* Also ist keine intellektuelle Substanz aus Materie und Form zusammengesetzt.

4-*Wenn der Verstand aus Materie und Form zusammengesetzt wäre, würden die Formen der erkennbaren Dinge bewirken, dass der Verstand wirklich die gleiche Natur hat wie das, was er kennt. Daraus ergibt sich der Fehler des Empedokles, der sagte, dass die Seele Feuer durch Feuer und Erde durch Erde kennt, und so weiter für alles andere. Eine solche Unangemessenheit ist offensichtlich.*

5-Alles, was in einem anderen ist, entspricht seiner Art zu sein. Wenn der Verstand aus Materie und Form zusammengesetzt wäre, wären die Formen der Seienden im Verstand materiell, genauso wie sie außerhalb von ihm sind. Und da sie derzeit außerhalb des Verstandes nicht intelligibel sind, wären sie auch im Verstand nicht intelligibel. Andererseits sehen wir, dass die Formen der Gegensätze, entsprechend dem Sein, das sie in der Materie haben, Gegensätze sind und sich gegenseitig abstoßen. Zum Beispiel: weißes Sein - nicht-weißes Sein. Aber so wie sie im Verstand existieren, sind sie nicht gegensätzlich, denn ein Gegensatz ist die intelligible Vernunft des anderen, da einer durch den anderen erkannt wird. Sie existieren also nicht materiell im Verstand. Daher ist keine intellektuelle Substanz aus Materie und Form zusammengesetzt.

6-Die Materie empfängt die Form durch Bewegung oder Veränderung. Der Verstand hingegen vervollkommnet sich in der Ruhe: Die Bewegung macht es schwieriger zu handeln, das heißt, zu verstehen. Daher werden die Formen im Verstand nicht wie in der Materie empfangen. Daher ist keine intellektuelle Substanz aus Materie und Form zusammengesetzt.

Alles Gesagte erlaubt zu behaupten, dass Engel subsistierende Formen sind und nicht in der Materie existieren. Sie sind in ihrem Sein und Existieren nicht von der Materie abhängig.

Im Engel gibt es eine Zusammensetzung von Akt und Potenz. Wie ist das möglich, wenn er keine Materie hat? Erinnern wir uns daran, dass die Form, die Akt ist, immer die Materie aktualisiert, die immer Potenz ist. Um zu verstehen, was im Fall des Engels, der nur Form ist, geschieht, muss betont werden, dass sich **jedes Seiende in Bezug auf sein Sein so verhält wie die Potenz zum Akt.**

Wenn man also die Materie ausklammert und annimmt, dass die Form ohne Materie existiert, bleibt immer noch die Beziehung der Form zu ihrem eigentlichen Sein, so wie die Potenz mit dem Akt verbunden ist. ***Es ist diese Art der Zusammensetzung, die in den Engeln zu verstehen ist.*** *Das behaupten einige, wenn sie sagen, der Engel bestehe aus dem, wodurch er ist, und aus dem, was er ist, oder, wie Boethius mit anderen Worten sagt, aus dem Sein und dem, was er ist. Denn in der Tat ist das, was ist, die subsistente Form selbst, und ihr Sein ist das, wodurch die*

*Substanz existiert, so wie der Lauf das ist, wodurch derjenige, der läuft, ein Läufer ist.*₆

In der *Summa contra Gentiles* Buch II, Kapitel 53, beweist Sankt Thomas, dass in den Engeln eine Zusammensetzung von Akt und Potenz besteht, ausgehend von folgenden Argumenten:

1-Alle geschaffenen Substanzen werden verursacht, insofern sie ihr Sein von einem anderen empfangen. Daher ist das Sein in ihnen als ein Akt derselben. Das, was den Akt empfängt, ist Potenz, denn der Akt bezieht sich als solcher auf die Potenz. Also empfängt der Engel sein Sein von Gott. Er ist potenziell existent, solange Gott ihm das Sein verleiht. Indem er es ihm gibt, ist er im Akt des Seins oder des Existierens. Daher gibt es in jeder geschaffenen Substanz Akt und Potenz.

2-Jeder, der an etwas teilnimmt, wird mit demjenigen verglichen, an dem er teilnimmt, als Potenz zum Akt. Gott ist wesentlich Sein. Alle anderen Entitäten nehmen am Sein teil. So wird jede geschaffene Substanz mit dem Sein Gottes als Potenz zum Akt verglichen. In Bezug auf den Engel hat er Anteil am Sein Gottes. Er ist in der Potenz, am Sein und an dem Akt teilzuhaben, insofern Gott ihn erschafft und ihn am Sein teilnehmen lässt. Daher gibt es in jeder geschaffenen Substanz Akt und Potenz.

3-Der Agent erzeugt ein Ähnliches wie er selbst, solange er im Akt ist. Die Ähnlichkeit jedes Seienden mit Gott erfolgt durch das Sein, an dem es teilhat. Daher ist das Sein vergleichsweise für alle geschaffenen Substanzen ihr Akt. In Bezug auf den Engel ist Gott die Ursache seines Seins oder seiner Existenz. Als reiner Akt schafft Gott ihn unfehlbar im Akt als Seiende, das ihm ähnlich ist. Der Engel ist potenziell seinem Schöpfer ähnlich zu sein; und er ist im Akt, dies zu sein, solange er erschaffen ist. Daher gibt es in jeder geschaffenen Substanz Akt und Potenz.

Im Engel besteht eine Zusammensetzung von Wesenheit und Existenz. Von *essentia* und *esse*. Er ist nicht wie Gott, dessen Wesenheit sein Sein ist.

In der *Summa contra Gentiles* Buch II, Kapitel 54, behauptet Sankt Thomas, dass *es nicht dasselbe ist, aus Wesenheit und Existenz wie aus Materie und Form zusammengesetzt zu sein*. Er bekräftigt: *Die Zusammensetzung von Materie und Form ist nicht derselben Vernunft unterworfen wie die von Wesenheit und Existenz, obwohl beide aus Potenz und Akt bestehen*. Und er argumentiert:

1-Im zusammengesetzten Seiende ist die Materie nicht die Wesenheit der Sache. Die Wesenheit der Sache ist Materie und Form. Die Materie ist Teil der Wesenheit. Andernfalls wären alle Formen Akzidenzen.

2-Im zusammengesetzten Seiende ist das Sein nicht der eigene Akt der Materie. Das Sein ist Akt des Ganzen, Materie und Form.

3-Im zusammengesetzten Seiende ist auch die Form nicht das Sein. Die Form steht im Vergleich zum Sein wie das Licht zur Beleuchtung oder die Weiße zum Weißwerden.

4-*Das Sein in Bezug auf die Form ist Akt. Deshalb ist in den zusammengesetzten Seienden aus Materie und Form die Form das Prinzip des Seins, weil sie die Ergänzung der Substanz ist, deren Akt das Sein ist*. Tatsächlich ist die Substanz das, was sie ist.

5-Alles Gesagte lässt den Schluss zu, dass in den Seienden, die aus Materie und Form zusammengesetzt sind, weder die Materie noch die Form einzeln das bedeuten können, was ist oder was existiert. Außerdem können wir folgern:

5.1.Dass die Form das ist, durch das das Seiende ist, da sie das Prinzip des Seins ist. Tatsächlich aktualisiert die Form die Materie und gibt ihr das Sein im Akt.

5.2. Dass die gesamte Substanz (zusammengesetzt aus Materie und Form) das ist, was sie ist.

5.3. Dass das Sein das ist, was bewirkt, dass eine Substanz in der realen Welt als Seiende bezeichnet wird.

6- Schauen wir uns nun an, was in den intellektuellen Substanzen passiert, die nicht aus Materie und Form zusammengesetzt sind:

6.1. Die Form ist das, was sie ist, sie benötigt keine Materie.

6.2. Das Wesen ist sein Akt, in der Potenz, das Sein zu erhalten.

6.3. Das Sein - das, was in der konkreten Wirklichkeit der Entitäten ist oder existiert - ist eine intellektuelle Substanz.

7- In den intellektuellen Substanzen gibt es eine einzige Zusammensetzung von Akt und Potenz, d.h. von Sein und Wesen. Die Wesenheit ist in Potenz, das Existieren zu empfangen, der Akt ist. In den Substanzen, die aus Materie und Form bestehen, gibt es eine doppelte Zusammensetzung von Akt und Potenz: Erstens die Materie in Potenz, die Form zu empfangen, die immer Akt ist; und zweitens das Wesen (die Materie und Form ist) in Potenz, das Existieren zu empfangen, was Akt ist.

8- Daher ist alles, was sich aus der Teilung von Potenz und Akt ergibt, den geschaffenen materiellen und immateriellen Substanzen gemeinsam, wie z. B. empfangen oder empfangen werden, vervollkommnen oder vervollkommnet werden. Im Gegensatz dazu ist alles, was der Materie und der Form als solcher eigen ist, wie z. B. gezeugt und verdorben werden und dergleichen, den materiellen Substanzen vorbehalten.

Die Engel sind von Natur aus unvergänglich. Der Grund dafür liegt darin, dass nichts vergeht, es sei denn, seine Form trennt sich von der

Materie. Aber der Engel ist seine eigene selbständige Form, so dass es unmöglich ist, dass seine Substanz vergänglich ist.

Ein Beweis für diese Inkorruptibilität kann aus ihrer intellektuellen Operation abgeleitet werden; denn wie alles gemäß seiner Wirklichkeit handelt, deutet die Operation einer Sache auf ihre Art des Seins hin. Nun wird durch das Objekt die Art und Natur der Operation verstanden. Aber ein intelligibles Objekt, das über die Zeit erhaben ist, ist ewig. Daher ist jede intellektuelle Substanz von Natur aus inkorruptibel.[7]

In der *Summa contra Gentiles* Buch II, Kapitel 55 bietet Sankt Thomas weitere Argumente, um zu zeigen, dass *intellektuelle Substanzen inkorruptibel sind*:

1-Die Korruption tritt auf, wenn sich die Form von der Materie trennt. Sie kann einfach sein, durch Trennung der substantiellen Form, oder teilweise, durch Trennung der akzidentellen Form. Solange die Form besteht, bleibt auch die Sache bestehen, da die Substanz durch die Form ein eigenes Gefäß des Seins ist. Wo keine Zusammensetzung von Form und Materie ist, kann es keine Trennung von beiden geben und folglich auch keine Korruption. Da keine intellektuelle Substanz aus Materie und Form besteht, ist folglich keine intellektuelle Substanz korruptibel.

2-Was einem Seienden von Natur aus gehört, wird immer notwendig und untrennbar mit ihm verbunden sein. Sankt Thomas gibt zwei Beispiele: Die Rundheit ist im Kreiswesen wesentlich und im Glockenklang akzidentell; daher ist es möglich, dass die Glocke aufhört, rund zu sein, aber es ist unmöglich, dass der Kreis nicht rund ist. Seiende haben das Sein, entsprechend ihrer Form. Die Substanz, die aus Materie und Form besteht, verliert ihr Sein, sobald sie diese verliert, so wie die Glocke ihren Klang verliert, wenn sie aufhört, rund zu sein. Aber die Substanz, die nur Form ist, kann niemals ihres Seins beraubt werden, so wie eine Substanz, die ein Kreis ist, niemals aufhören würde, rund zu sein. Intellektuelle Substanzen sind einfache, subsistierende Formen. Folglich ist es unmöglich, dass sie aufhören zu sein. Daher ist keine intellektuelle Substanz korruptibel.

3-In jeder Korruption bleibt die Potenz (Materie), während sich die Form (Akt) trennt: Nichts korruptiert sich bis zur absoluten Nichtexistenz, so wie nichts aus der absoluten Nichtexistenz entsteht. In intellektuellen Substanzen ist der Akt das Sein und die Essenz die Potenz. Wenn also die intellektuelle Substanz korrupt würde, würde die Essenz nach ihrer Korruption bestehen bleiben. Dies ist unmöglich. Daher ist keine intellektuelle Substanz korruptibel.

4-In jeder korruptiblen Substanz gibt es die Potenz, nicht zu sein. Die Substanz, zusammengesetzt aus Materie und Form (Essenz), ist das eigentliche Gefäß des Seins oder des Existierens. Die Essenz ist aber so das eigentliche Gefäß einer Aktes, daß sie in keiner Weise in Potenz zu ihrem Gegenteil steht. So ist zum Beispiel das Feuer in Bezug auf die Hitze so, wie die Potenz in Bezug auf den Akt ist, dass es niemals in Bezug auf die Kälte in Potenz sein kann. Daraus ergibt sich, daß es auch in den korruptiblen Substanzen keine Potenz in der Substanz gibt, die aus Materie und Form besteht, die nur aufgrund der Materie sein kann. In intellektuellen Substanzen gibt es keine Materie, und folglich gibt es keine Potenz, nicht zu sein. Daher ist keine geistige Substanz korruptibel.

5-In jeder Substanz, ob zusammengesetzt oder einfach, ist das, was den Platz der ersten Potenz einnimmt, inkorruptibel. So ist zum Beispiel in den Substanzen, die aus Materie und Form bestehen, die Urmaterie inkorruptibel. Bei einfachen oder intellektuellen Substanzen ist das, was den Platz der ersten Potenz einnimmt, ihre eigene vollständige Substanz (die nur Form ist). Daher ist eine solche Substanz inkorruptibel. Denn ein Ding ist insofern korruptibel, als seine Substanz korrumpiert ist. Daher ist keine geistige Substanz korruptibel.

6-Jede Korruption hat ihren Ursprung im Gegenteiligen. Alles, was sich selbst korruptiert (das heißt, wesentlich, nicht akzidentiell), muss ein Gegenteil haben oder aus Gegensätzen zusammengesetzt sein. Dies trifft jedoch nicht auf intellektuelle Substanzen zu. Tatsächlich hören in der Erkenntnis Dinge, die von Natur aus gegensätzlich sind, auf, gegensätzlich zu sein; zum Beispiel sind Weiß und Schwarz im Verstand keine Gegensätze, da sie sich nicht abstoßen, sondern vielmehr besser miteinander in Beziehung stehen, denn durch die Erkenntnis des einen versteht man das andere. Daher können intellektuelle Substanzen nicht von sich aus korruptibel sein. Sie sind auch nicht akzidentell. Denn auf diese Weise werden die Akzidenzen und die nicht-subsistenten Formen verdorben. Und einfache oder intellektuelle Formen sind subsistierende Formen, das heißt, sie existieren nicht in der Materie, als ob ihr Sein davon abhängig wäre. Daher ist keine intellektuelle Substanz korruptibel.

7-Korruption ist eine Veränderung. Die Veränderung ist das Ende einer Bewegung. Alles, was sich bewegt, ist Körper. Daher muss alles, was korruptibel ist, ein Körper sein, wenn es sich selbst korruptiert, oder eine Form oder Eigenschaft des Körpers, wenn es zufällig korrupt wird. Aber intellektuelle Substanzen sind weder Körper noch körperliche Eigenschaften oder Formen. Daher ist keine intellektuelle Substanz korruptibel.

8-Korruption bedeutet Leiden. Leiden ist ein bestimmtes Empfangen. Was die intellektuelle Substanz empfängt, erfolgt gemäß ihrer Art des Seins, das heißt, auf intellektuelle Weise. Das Intelligible ist die Perfektion des Intellekts. Das Intelligible vervollkommnet die intellektuelle Substanz. Es korruptiert sie nicht, sondern vervollkommnet sie. Daher ist keine intellektuelle Substanz korruptibel.

9-Das Sinnliche ist Gegenstand des Sinns. Das Intelligible ist Gegenstand des Verstandes. Der Sinn korruptiert sich durch Überschreitung seines Objekts. Zum Beispiel das Sehen, durch zu helle Objekte, und das Hören, durch außergewöhnliche Geräusche usw. Und es kann auch akzidentell durch die Korruption des Subjekts korrupt werden. Auf keine dieser Weisen kann der Verstand korrupt werden. Durch die Überschreitung seines Objekts, weil wer das Höchste in den Graden der Intelligibilität versteht, nicht weniger, sondern besser dasjenige versteht, was in den niedrigeren Graden ist. Er korruptiert sich auch nicht akzidentell, weil der Verstand keine Akzidenz des Körpers ist (Materie), sondern der Seele

(Form). Daher ist weder der Verstand noch eine intellektuelle Substanz korruptibel.

Zusammenfassung der dargelegten Ideen

Der Engel:

1-Ist eine getrennte oder intellektuelle Substanz.

2-Ist eine immaterielle Substanz.

3-Ist eine Substanz, die zwischen Gott und den materiellen Kreaturen liegt.

4-Ist eine Substanz, zusammengesetzt aus Essenz und Sein, Akt und Potenz.

5-Ist eine immaterielle Substanz. Es ist nur Form, ohne jede Materie.

6-Ist eine subsistierende Form, das heißt, eine Form, deren Essenz nicht von der Materie abhängt. Es ist nicht in der Materie, sondern nur insofern Essenz, wie es in seiner Form ist. Es ist nicht Essenz in seiner Materie und in seiner Form, als zusammengesetzt aus Materie und Form. Sondern nur seine Form ist seine Essenz.

7-Ist von Natur aus, weil er keine Materie hat, inkorruptibel.

3. DIE ENGELSARTEN

Der heilige Thomas behauptet, dass die Engel in ihrer Art einzigartig sind.

Er vertritt die Ansicht, dass es keine Vermehrung der Engel innerhalb einer bestimmten Art gibt, sondern eine Vielzahl von Arten für jeden Engel, der existiert. Keine zwei Engel gehören derselben Art an.

Wir werden uns den Gründen für diese Behauptung nähern, indem wir die Argumente darlegen, die vom *Doctor Angelicus* angeführt werden. Wir werden mit den Argumenten beginnen, die in der *Summa contra Gentiles* Buch II, Kapitel 93, dargelegt sind:

1-Wir können die getrennte Substanz als eine bestimmte subsistierende Quiddität definieren. Die Definition ist das Kennzeichen für die Quiddität des Dings. Tatsächlich informiert uns die Definition einer Entität über ihre Natur und ordnet sie einer bestimmten Art zu. Daher können wir sagen, dass getrennte Substanzen subsistierende Arten sind. Daher kann es nicht viele getrennte Substanzen geben, wenn es nicht viele subsistierende Arten gibt.

2-Der Unterschied, der aus der Form resultiert, verursacht die Vielfalt der Arten. Der Unterschied, der von der Materie ausgeht, verursacht nur eine numerische Vielfalt. Die Engel sind als getrennte Substanzen völlig ohne Materie: Sie sind weder Teil von ihr noch mit ihr als Formen verbunden. Daher ist es unmöglich, dass sie derselben Art angehören.

3-Damit die Natur der Art, die in einem Individuum nicht ewig bewahrt werden kann, in vielen bewahrt werden kann, gibt es unter den korruptiblen Seienden viele Individuen einer Art. Da jedoch die getrennten Substanzen unkorruptibel sind, werden sie in einem einzigen Individuum bewahrt. Das heißt, sie benötigen nicht die Vielzahl von Individuen derselben Art.

4-Das Spezifische ist vollkommener als das Prinzip der unspezifischen Individuation. Daher verleiht die Vermehrung der Arten dem Universum eine größere Vollkommenheit als die zahlenmäßige Vermehrung der Individuen derselben Art.

Da, wie wir gesehen haben, jeder Engel eine Art ist, ist es angebracht, weiter zu überlegen, woher die getrennten Substanzen ihre Gattung und Art haben. Sankt Thomas erklärt dies in der *Summa contra Gentiles* Buch II, Kapitel 95:

1-In den körperlichen Substanzen, die aus Materie und Form bestehen, wird die Gattung aus dem materiellen Prinzip und die Art aus dem formalen Prinzip genommen. Z.B.: Was den Menschen betrifft. Die Gattung des Tieres wird von der empfindenden Natur genommen. Die rationale Art wird der intellektuellen Natur entnommen. Da die getrennten Substanzen nicht aus Materie und Form zusammengesetzt sind, lohnt es sich, nach dem oben beschriebenen Kriterium zu untersuchen, woher die Gattung und die Art in ihnen genommen werden.

2-Die verschiedenen Arten nehmen stufenweise am Sein teil. So finden wir in der ersten Teilung des Seins das Vollkommene, d.h. das substantielle Sein und das Sein im Akt, und das Unvollkommene, d.h. das akzidentelle Sein und das Sein in der Potenz. Man bemerkt, dass eine Art die andere um einen Grad der Vollkommenheit übertrifft: die Tiere die Pflanzen, die Metazoen die Protozoen; und selbst in der Farbenlehre ist die vollkommenste diejenige, die der Farbe Weiß am nächsten ist. Auf diese Weise finden wir die verschiedenen Definitionen von Entitäten, indem wir einen spezifischen Unterschied hinzufügen oder abziehen.

3-Bei körperlichen Substanzen oder Substanzen, die aus Materie und Form zusammengesetzt sind, wird die Bestimmung, die der Gattung den spezifischen Unterschied verleiht, durch eine andere Natur als die der Gattung verursacht. So bedeutet im Beispiel des Menschen seine Definition eine Verbindung von Materie und Form, ähnlich einem Bestimmer und einem Bestimmten. Die rationale Natur unterscheidet sich deutlich von der sensiblen Natur. Sie ist der spezifische Unterschied des Menschen innerhalb der Tiergattung. Sie ist das, was ihn als eine Art innerhalb der Gattung ausmacht.

4-Bei den einfachen oder getrennten oder unkörperlichen Substanzen ist die einfache Natur in sich selbst bestimmt und hat keine zwei Teile, einen Bestimmer und ein Bestimmtes. **In diesem Fall wird die Gattung der intellektuellen Substanzen aus dem Wesen ihrer Natur und die Arten aus dem bestimmten Grad des Seins genommen.**

5-Die verschiedenen Arten der intellektuellen Substanzen werden aufgrund ihrer verschiedenen Grade getrennt betrachtet. Es gibt keine Individuen in einer Art, und keine zwei sind gleich, aber einige Arten sind von Natur aus höher als andere.

Zusammenfassung der dargelegten Ideen

Die beste Zusammenfassung findet sich meiner Meinung nach in der *Summa Theologica* I, q.50 a.4. Hier bietet Aquin eine synthetische, aber tiefgründige Darstellung seiner Gedanken.

Er beginnt mit der Feststellung, dass **einige Autoren behaupten, die Engel seien nicht von unterschiedlicher Art**. Das heißt, alle Engel gehören zur selben Art. Er nennt die Gründe dafür und beantwortet sie:

1-Der spezifische Unterschied zwischen den Entitäten (d.h. das, was sie in dieser oder jener besonderen Art ausmacht) ist edler als die Gattung. Alle Seienden, die in dem Edleren übereinstimmen, stimmen auch in dem spezifischen Unterschied überein und sind daher von derselben Art. Nun denn: Da alle Engel in der edelsten Sache übereinstimmen, nämlich in der Intellektualität, sind also alle Engel von derselben Art.

Worauf der heilige Thomas antwortet: Der spezifische Unterschied ist edler als die Gattung, aber nicht als verschiedene Naturen. Andernfalls müssten alle unvernünftigen Tiere von derselben Art sein. Im Gegensatz dazu unterscheiden sich die unvernünftigen Tiere in ihrer Art nach den verschiedenen und bestimmten Graden der empfindsamen Natur. Und **die Engel unterscheiden sich in der Art nach den verschiedenen Graden der intellektuellen Natur.**

2-Das Mehr und das Weniger diversifizieren nicht die Art. Aber die Engel unterscheiden sich voneinander durch das Mehr oder das Weniger. So ist zum Beispiel ein Engel einfacher als ein anderer, oder er hat mehr Intelligenz als ein anderer. Daher unterscheiden sich die Engel nicht in ihren Arten.

Dem entgegnet der heilige Thomas: Das Mehr und das Weniger unterscheiden die Arten insofern, als sie die verschiedenen Grade der spezifischen Natur bezeichnen. Zum Beispiel: Das Feuer ist vollkommener als die Luft. So unterscheiden das Mehr und das Weniger die Engel.

3-Die Seele und der Engel stehen als Mitglieder einer Abteilung gegenüber. Sowohl die Seele als auch der Engel sind getrennte oder intellektuelle Substanzen. Aber die Seele ist zeitlich mit der Materie verbunden und wirkt in ihr und durch sie. Dem Engel fehlt jede Beziehung zur Materie. In diesem Sinne sind die Seele und der Engel getrennt. Aber alle Seelen sind derselben Art. Und innerhalb dieser Art vermehren sie sich als voneinander getrennte Seelen. Daher sind es auch die Engel. Sie würden sich folglich innerhalb derselben Art als voneinander verschiedene Seelen vermehren.

Worauf der heilige Thomas antwortet: Das Wohl der Art hat Vorrang vor dem Wohl des Individuums. Deshalb ist es viel besser, wenn sich die Art in den Engeln vermehrt, als wenn sich die Individuen in der Art vermehren.

4-Je vollkommener die Natur eines Seins ist, desto mehr muss es sich vermehren. Dies wäre nicht der Fall, wenn jede Art nur ein Individuum hätte. Deshalb gibt es viele Engel derselben Art.

Darauf antwortet der heilige Thomas: Das Agens strebt nicht nach zahlenmäßiger Vermehrung (die ins Unendliche tendiert), sondern nur nach spezifischer Vermehrung. Auf diese Weise kann es sein Ziel erreichen. Andernfalls versinkt es in der Unendlichkeit der Individuen, die durch die numerische Vermehrung hervorgebracht wird, und es wird niemals sein operatives Ziel erreichen. Daher erfordert die Vollkommenheit der Engelsnatur die Vermehrung der Arten und nicht die Vermehrung der Individuen derselben Art.

5-Aristoteles sagt in Buch III seiner *Metaphysik*, dass es bei den Seienden, die dieselbe Art bilden, nicht möglich ist, ein Erstes und ein Zweites zu finden.

Dem entgegnet der heilige Thomas, dass es in den Engeln, selbst in denen derselben Ordnung, ein Erstes, ein Mittleres und ein Letztes gibt. Folglich sind die Engel nicht derselben Art.

Sankt Thomas besteht darauf, dass die transkribierten Argumente unhaltbar sind:

1-Zusammengesetzte Substanzen, die dieselbe Art haben, stimmen in der Form überein und unterscheiden sich in der Materie. Die Materie individualisiert sie. Sie konstituiert sie als Individuen.

2-Die Engel sind jedoch keine zusammengesetzten Substanzen, die aus Materie und Form bestehen, sondern ausschließlich aus Form.

3-Wenn die Engel nicht aus Materie und Form zusammengesetzt sind, muss daraus gefolgert werden, dass es unmöglich zwei Engel derselben Art geben kann.

4-Es sei daran erinnert, dass die *materia signata quantitate* (die Materie, die limitiert ist durch die Quantität), diejenige ist, die die Formen unterscheidet, d. h. sie individualisiert. Es gibt nicht zwei oder mehr Engel derselben Art, weil keiner von ihnen ein Individuum werden kann. Und er kann nicht zu einem Individuum werden, weil ihm die Materie fehlt. Jeder von ihnen ist eine eigene Art von Engel.

Gegen diese Schlussfolgerung lässt sich nicht einwenden, dass wir die Gesamtvollkommenheit des Universums verarmen lassen, indem wir die Vermehrung individueller Engelsnaturen innerhalb jeder Art unmöglich machen. Die Form, d. h. das, wodurch sich jedes Sein spezifisch von den anderen unterscheidet, übertrifft an Würde das materielle Prinzip der Individualisierung, das es durch seine Partikularisierung in die Art stellt. Die Vermehrung der Arten verleiht also der Gesamtheit des Universums mehr Adel und Vollkommenheit als die Vermehrung der Individuen innerhalb derselben Art; aber das Universum verdankt seine Vollkommenheit vor allem den getrennten Substanzen, die es enthält; das heißt, eine Vielzahl von Individuen derselben Art an die Stelle einer Vielzahl verschiedener Arten zu setzen, bedeutet nicht, die Gesamtvollkommenheit des Universums zu mindern, sondern im Gegenteil, sie zu erhöhen und zu vermehren.[8]

4. DIE ZAHL DER ENGEL

Der heilige Thomas fragt sich nach der Zahl der Engel, ob sie viele oder wenige sind, ob sie mehr oder weniger sind als die menschliche Bevölkerung.

In der *Summa Theologica* I, q.50 a.3, versucht er, das Rätsel zu beantworten, indem er es so formuliert: *Ist die Zahl der Engel unermesslich oder nicht?*

Betrachten wir zunächst die negativen Antworten, d. h. diejenigen, die der Meinung sind, dass die Zahl dieser intellektuellen Substanzen nicht immens ist. Die ersten beiden Einwände sind relevant, und nur auf sie werden wir eingehen. Der dritte stützt sich auf eine falsche Behauptung der aristotelischen Physik (nämlich, dass die Bewegung der Sterne von den Engeln verursacht wurde); und der vierte ist theologischer Natur. Auf die ersten beiden Einwände folgt jeweils die Antwort des Aquinaten:

1-Weil die Zahl eine Art von Menge ist und von der Teilung des Kontinuums herrührt. In jedem Fall erfordert sie Körper, um gezählt zu werden. Es ist also unmöglich, bei den Engeln, die unkörperlich sind, von Zahl zu sprechen.

Um auf die Frage des engelhaften Doktors zu antworten, verweist er auf q.30 a. 3. Dort erklärt er, dass jede Vielheit eine Folge einer Teilung ist. Und er klassifiziert diese Teilung in zwei. **Die erste Teilung** ist materiell und erfolgt durch die Teilung des Kontinuums. Aus dieser Teilung ergibt sich die Zahl als Art der Quantität. Daher findet man diese Art von Zahl nur in den körperlichen Seienden, die Träger der Quantität sind. **Die zweite Teilung** ist formal und erfolgt durch entgegengesetzte Realitäten oder durch verschiedene Formen. Aus dieser Teilung ergibt sich die Vielheit. Sie entspricht nur den immateriellen Seienden.

Nach dieser Klarstellung und dem besseren Verständnis des vorgebrachten Einwandes bleibt zu sagen: *Es ist möglich, von Zahlen in*

Engeln zu sprechen. In diesem Fall ist die Zahl nicht durch die Teilung des Kontinuums gegeben, sondern durch die Unterscheidung der Formen.

2-Denn je mehr sich ein Ding der Einheit nähert, desto weniger multipliziert es sich. Dies ist bereits bei den Zahlen zu beobachten. Sie haben eine größere Fähigkeit zur Vermehrung, je weiter sie sich von der Zahl 1 entfernen. Nun ist die Engelsnatur von allen geschaffenen Naturen die Gott am nächsten stehende. Da Gott also die größte Einheit aller existierenden Naturen ist, haben die Engel die geringste Vielheit.

Darauf antwortet der heilige Thomas: Es ist wahr, dass die Engel von allen geschaffenen Seienden die größte Nähe zu Gott haben. Er räumt ein, dass aufgrund dieser Nähe zu Gott das Wesen der Engel in seiner Zusammensetzung ein Minimum an Vielfältigkeit aufweist. Daraus folgt aber nicht, dass eine solche Natur nur bei einigen wenigen Engeln zu finden ist. Das heißt: Für Aquin geht der Einwand fehl, wenn er die Nähe mit einer geringeren Anzahl oder Menge und die Ferne mit einer größeren Anzahl oder Menge in Verbindung bringt. Seiner Ansicht nach verursacht die Nähe zu Gott die Einfachheit der Engelssubstanz ebenso wie die Ferne von Gott die Zusammensetzung der anderen geschaffenen Naturen (zusammengesetzte oder körperliche Substanzen). Es gibt jedoch keine kausale Beziehung zwischen der Einfachheit oder der Zusammensetzung der Naturen und der Vielfalt der Seienden, aus denen sie zusammengesetzt sind.

In seiner These wird der heilige Thomas nicht nur seine Ablehnung der vorgebrachten Einwände bekräftigen, sondern sie noch verstärken. Er verwirft die Meinung Platons und seiner Formenwelt, wonach die einfachen Substanzen die vorbildlichen Ideen der sinnlichen Seienden seien. Ihre Zahl wäre dann die Zahl dieser. Er wird auch die Meinung des Aristoteles beiseite lassen, wonach die getrennten Substanzen mit den körperlichen als Beweger zum Zweck in Beziehung stehen, und so feststellen, dass die Zahl der immateriellen Substanzen mit der der ersten Bewegungen übereinstimmt, und sie sich entsprechend der Zahl der Himmelskörper vermehren. Schließlich lässt er die theologischphysikalische Meinung von Maimonides beiseite, der in die Irre ging, indem er die aristotelische Physik mit der Heiligen Schrift verband.

Der heilige Thomas gibt eine rein metaphysische Antwort, die sich auf die Vollkommenheit des von Gott geschaffenen Werkes stützt. Ich denke, wir könnten sie mit dem Vierten Weg in Verbindung bringen.

Sie lehrt uns, dass *die Engel als immaterielle Substanzen eine unermessliche Menge darstellen, die derjenigen der materiellen Seienden überlegen ist*. Der Grund: Bei der Schöpfung strebte Gott nach der Vollkommenheit aller geschaffenen Dinge. Je vollkommener die Dinge waren, desto mehr wurden sie von Gott erschaffen. Bei den Körpern gilt: Je größer die Menge, desto größer die Größe. Bei den körperlosen Seienden gilt: Je größer die Menge, desto größer die Vielfalt. Daher **ist es vernünftig zu denken, dass die immateriellen Substanzen die materiellen Substanzen in einer Weise übertreffen, die kaum verglichen werden kann**.

In der *Summa contra Gentiles* Buch II, Kapitel 92, wird er die Gründe weiter ausführen, warum er es für möglich hält, von einer Vielzahl getrennter Substanzen zu sprechen. Ich lasse alle Gründe beiseite, in denen von der aristotelischen Physik die Rede ist, die sich geirrt hat, als sie die getrennten Substanzen als kausal für die Bewegungen der Sterne ansah. Sie irrte, als sie annahm, dass die Zahl der einzelnen Substanzen größer sein müsse als die Bewegungen der "Himmelskörper", die durch sie selbst verursacht werden. Für Sankt Thomas ist diese Meinung des Stagiriten jedoch weder beweiskräftig noch schlüssig, sondern lediglich wahrscheinlich, und er selbst versucht, sich von ihr zu distanzieren, indem er sie relativiert, indem er wiederholt: *wenn wir der Meinung des Aristoteles folgen wollen*, oder indem er entsprechend sagt: *wie er behauptet*, wenn er sich in einem Argument darauf bezieht. In jedem Fall ist es offensichtlich, dass der heilige Thomas die Auffassung des Aristoteles für schwach hält und ein rein metaphysisches Argument sucht.

1-Die Ordnung des Universums scheint zu erfordern, dass die

vollkommeneren Seienden die weniger vollkommenen überwiegen, denn die letzteren sind durch die ersteren entstanden. Getrennte oder einfache oder unkörperliche Substanzen sind vollkommener als materielle oder zusammengesetzte oder körperliche Substanzen, weil sie sich nicht bewegen und immateriell sind. Folglich übertreffen die Engel an Zahl die ganze Menge der materiellen Dinge.

2-Die materiellen Seienden vermehren sich durch die Form, nicht durch die Materie, immer in der Potenz, neue Formen zu erhalten. Die Engel sind also Formen, die ohne Materie existieren. Ihr Sein ist vollständiger und universeller als die Formen, die in der Materie existieren, denn solche Formen werden entsprechend der Kapazität der Materie empfangen. Sie sind in ihrem Sein durch die Materie begrenzt. In diesem Sinne sind also die getrennten Substanzen vollkommener als die körperlichen Substanzen. Daher scheint es nicht so, als ob die getrennten Substanzen in geringerer Zahl vorkommen als die körperlichen Substanzen.

3-Die Seienden sind durch ihre Formen intelligibel. Das, was durch sein Sein intelligibel ist, ist vielgestaltiger als das, was materiell ist. Die getrennten Substanzen sind durch ihr Sein intelligibel, da sie reine Form sind. *Es gibt viele Dinge, die nicht in die Materie passen; zum Beispiel ist mathematisch die Addition* (ad infinitum) *zur endlichen Geraden möglich, und nicht in der Natur; auch die Seltenheit der Körper, die Geschwindigkeit der Bewegungen und die Vielfalt der Figuren, der Verstand lässt sie bis ins Unendliche vorkommen, und doch ist es in der Natur nicht möglich.* Das heißt: Die Intelligenz erlaubt uns, ins Unendliche zu reisen. Zum Beispiel: Zu jeder Zahl kann ich eine weitere hinzufügen und so weiter, bis ich nie fertig bin. Das ist im Verstand. In der Realität der Natur ist das nicht möglich. In meinem Verstand kann ich Seiende multiplizieren. In der Realität habe ich Grenzen. *Und da die getrennten Substanzen ihrer Natur nach intellektuell sind, müssen sie eine größere Vermehrung haben als die materiellen, indem sie die Eigenschaft und das Wesen der Gattung eines jeden von ihnen vermuten, denn in den ewigen (intellektuellen) Dingen unterscheidet sich das Sein nicht von der Möglichkeit.* Folglich übertreffen die Engel an Zahl die ganze Menge der materiellen Dinge.

(...) wenn es diese Art von Substanz nicht gäbe, würde die Vollkommenheit des Universums ins Wanken geraten und sich der Grad der Vollkommenheit entleeren. Daher ist die Zahl der Engel größer als die Zahl der materiellen Substanzen, weil das Universum durch seine engelhafte Vollkommenheit vollkommener ist, ohne dass diese Zahl bestimmbar wäre.[9]

Zusammenfassung der dargelegten Ideen

1-Die Zahl der Engel ist weit größer als die Zahl der körperlichen Substanzen, einschließlich der Menschen.

2-Man kann daher mit Fug und Recht behaupten, dass die Engel eine unermessliche Menge darstellen. Eine Menge, die unmöglich zu berechnen ist.

3-Bei der Schöpfung strebte Gott die Vollkommenheit aller geschaffenen Dinge an. Je vollkommener die Dinge waren, desto mehr wurden sie von Gott erschaffen. Bei den Körpern gilt: Je größer die Menge, desto größer die Größe. Bei den unkörperlichen Seienden gilt: Je größer die Menge, desto größer die Vielfalt.

4-Das Universum ist dank der Vollkommenheit der Engel noch vollkommener.

Und so befinden wir uns in der Gegenwart einer bestimmten Anzahl von spezifisch und individuell verschiedenen engelhaften Geschöpfen, einer Anzahl, die wahrscheinlich enorm ist und viel größer als die der materiellen Dinge, wenn man zugibt, dass Gott die vollkommensten Geschöpfe in größerer Menge hervorgebracht haben muss, um dem gesamten Universum eine höhere Vortrefflichkeit zu sichern; außerdem wissen wir, dass sich die Arten voneinander wie Zahlen unterscheiden, das heißt, dass sie mehr oder weniger große Mengen an Sein und

Vollkommenheit darstellen (...).₁₀

5. DER ENGEL UND DER ORT

In der *Summa Theologica* I, q.52 a.1, fragt der heilige Thomas, ob der Engel einen Ort einnimmt.

Bevor wir fortfahren, ist es nützlich, kurz einige grundlegende Konzepte in Erinnerung zu rufen. Sie wurden in unserer *Einführung in die thomistische Metaphysik IV* entwickelt, die wir Ihnen zur Vertiefung empfehlen. Nämlich:

Die Quantität, auch Ausdehnung genannt, ist das erste Akzidens, das sich aus der Materie ableitet, und die Stütze aller anderen Akzidenzen. Die Quantität ist das, wodurch die Substanz ausgedehnt oder in verschiedene Bestandteile aufgeteilt wird.

Der Ort oder *ubi* ist die Grenze des umfassenden Körpers, der in Kontakt mit dem enthaltenen Körper steht. Der enthaltene Körper ist das, was durch Verschiebung bewegt werden kann.

Die Position oder *situs* ist die Disposition der Teile des Körpers, die einen Ort einnehmen, wobei diese Einnahme auf unterschiedliche Weise überprüft werden kann. Beispiel: Eine Person kann an dem Ort, den sie einnimmt, sitzen, liegen, knien usw.

Der heilige Thomas nennt drei Gründe, warum der Engel keinen Ort einnimmt. Bei dieser Gelegenheit antwortet der Aquinaten nicht auf jeden einzelnen Einwand (mit dem er nicht einverstanden ist), wie es seine Methode ist, sondern er stellt seine These direkt auf und schließt darin die Antworten auf die Einwände ein.

Hier sind die Einwände:

1-Weil es kein Körper ist, und nur Körper einen Ort einnehmen. In diesem Zusammenhang wird Boethius mit den Worten zitiert: *Unter den Gelehrten ist es ein allgemein anerkannter Grundsatz, dass das Unkörperliche keinen*

Ort einnimmt; und Aristoteles: *Nicht alles, was existiert, ist an einem Ort, sondern nur der bewegliche Körper.* Daher nimmt der Engel keinen Ort ein.

2-Weil weder das Akzidens der Quantität noch das der Position oder der Position dem Engel zugeschrieben werden kann. *Der Ort ist eine lokalisierte Quantität.* Das heißt: Das Akzidens des Ortes setzt eine ausgedehnte körperliche Substanz voraus, die sich auf eine bestimmte Weise innerhalb bestimmter Grenzen befindet. Daher nimmt alles, *was sich an einem Ort befindet, einen Platz ein.* Eben. Das ist es, was wir gesagt haben. *Aber es ist nicht der Platz des Engels, den er einnimmt, denn seine Substanz ist frei von Quantität (...).* In der Tat: Der Engel ist eine unkörperliche Substanz, die den kategorischen Akzidenz der Quantität nicht akzeptiert: Er hat keine Dimensionen, er ist reine Form. Und deshalb kann er nicht lokalisiert werden. Daher nimmt der Engel keinen Ort ein.

3-Nach Aristoteles:

Der Ort scheint mit einem Behälter verwandt zu sein, der ein transportabler Ort ist, aber der Behälter ist nicht Teil seines Inhalts. Insofern er also von der Sache trennbar ist, ist er nicht die Form, und insofern er sie enthält, ist er von der Materie verschieden.[11]

Einen Ort einzunehmen bedeutet also, in einem Behälter abgegrenzt und enthalten zu sein, da er empfangen wird. Der Engel kann aber nicht in einem Ort oder Behälter abgegrenzt und enthalten sein, weil dieser als Behälter formaler ist als der Inhalt, wie die Luft im Verhältnis zum Wasser. Daher nimmt der Engel keinen Ort ein.

Natürlich muss der Engel für den heiligen Thomas einen Ort einnehmen, aber nicht so, wie es eine körperliche Substanz tut. Er nimmt einen Ort ein, weil er mit ihm durch den Kontakt seiner körperlichen Dimensionen verbunden ist. Dem Engel fehlt der Akzidenz der Quantität und folglich der Ausdehnung und der körperlichen Dimensionen. Er kann niemals einen Ort einnehmen wie eine leibliche Substanz, die in ihrem

Behälter aufgenommen wird. **Andererseits hat der Engel aber eine virtuelle Quantität.** Und aufgrund dieser virtuellen Quantität kann man sagen, dass er einen Ort einnimmt. Dies gilt auch für die andere getrennte Substanz, die menschliche Seele.

Was ist nun virtuelle Quantität *(quantitas virtualis)* oder Quantität der Kraft *(quantitas virtutis)*?

Der heilige Thomas antwortet in der *Summa Theologica* I, q.42 a.1 ad.1:

(...) Die virtuelle Quantität (...) wird durch den Grad der Vollkommenheit irgendeiner Natur oder irgendeiner Form gemessen. Das ist es, was man sagt, wenn man sagt, dass ein Ding mehr oder weniger heiß ist, insofern seine Qualität der Wärme mehr oder weniger vollkommen ist. Die virtuelle Quantität zeigt sich zuerst in ihrer Wurzel, d.h. in der Vollkommenheit der Form oder der Natur selbst. So spricht man von einer spirituellen Größe und von großer Hitze, je nach ihrer Vollkommenheit oder Intensität. (...) Zweitens kann man sie in den Wirkungen der Form sehen. Die erste Wirkung der Form ist das Sein, denn alles hat das Sein aufgrund seiner Form. Der zweite Effekt, die Operation, denn jeder Agent handelt durch seine Form. Die virtuelle Quantität kann also in Bezug auf das Sein oder in Bezug auf die Operation betrachtet werden. Was das Sein betrifft, so ist das, was die vollkommenste Natur hat, auch das Beständigste. In Bezug auf die Operation sind die Seienden mit der vollkommensten Natur auch am fähigsten zu operieren.

Die virtuelle Quantität ist also das Maß für die Vollkommenheit eines Seienden, in diesem Fall des Engels.

Es ist nicht notwendig zu sagen, dass der Engel von einem Ort abgegrenzt oder in einem Ort enthalten ist; auch nicht, dass er einen Platz im Raum einnimmt. *All dies entspricht spezifisch dem sich befindlichen Körper, insofern er eine dimensionale Quantität hat.*

Es sind die getrennten Substanzen, die, wenn sie mit Körpern in Berührung kommen, diese enthalten, ohne in ihnen enthalten zu sein.

So ist die Seele im Körper als dasjenige, was ihn enthält, und nicht als Inhalt. Ebenso wird gesagt, dass der Engel einen körperlichen Ort einnimmt, nicht als Inhalt, sondern als das, was ihn in gewisser Weise enthält.

In Artikel 2 dieser Frage 52 fragt der engelhafte Doktor dann, ob ein Engel an mehreren Orten gleichzeitig sein kann. Die Antwort lautet: Nein, er kann nicht an vielen Orten gleichzeitig sein.

Er beginnt damit, dass er drei Gründe derjenigen nennt, die rechtfertigen, dass ein Engel an vielen Orten gleichzeitig sein kann. Wir werden uns auf zwei von ihnen beziehen. Der dritte ist im Wesentlichen theologischer Natur und wird daher hier nicht behandelt. Der heilige Thomas ist mit keinem dieser Gründe oder Einwände einverstanden. Er gibt auf sie alle eine gemeinsame Antwort und entwickelt dann seine These:

1-*Die Macht des Engels ist nicht geringer als die der Seele.* Die Seele kann gleichzeitig an vielen Orten sein. In der Tat ist sie ganz und gar in jedem Teil des Körpers, dem sie Form verleiht. Daher kann der Engel an vielen Orten gleichzeitig sein.

2-Der Engel befindet sich in dem Körper, der von seiner Kraft umgeben ist. Daher scheint es, dass er in jedem Teil des Körpers sein muss. Aber verschiedene Teile bilden verschiedene Orte. Daher ist der Engel an vielen Orten gleichzeitig.

Bedenke, dass *die Antwort auf diese Gründe einfach ist. Denn worauf auch immer die Kraft* (seine Macht, seine Fähigkeiten) *des Engels direkt angewandt wird, für ihn ist es ein Ort, auch wenn er umfangreich ist.*

Hier ist seine These:

Das Wesen und die Macht Gottes sind unendlich. Deshalb kann er überall und an verschiedenen Orten sein.

Das Wesen und die Macht des Engels sind endlich. Deshalb kann er nicht überall und an verschiedenen Orten sein.

(...) Da der Engel durch die Anwendung seiner Kraft an einem Ort ist, muss daraus gefolgert werden, dass er nicht überall und auch nicht an vielen Orten ist, sondern nur an einem.

Er stellt dann Überlegungen unter Anwendung der irrigen aristotelischen Physik an, die wir verwerfen.

Wir ziehen daraus folgende Schlussfolgerungen:

Die körperliche Substanz ist an einem Ort, indem sie sich selbst umschreibt und durch ihre dimensionale Quantität an diesen Ort anpasst.

Der Engel ist nicht an den Ort gebunden, da er keine Dimensionen oder Ausdehnung hat. Er ist an einem Ort gebunden, *da er sich an einem Ort befindet, und nicht an einem anderen.*

Gott ist nicht auf einen Ort beschränkt oder begrenzt, denn er ist überall.

Als nächstes fragt der heilige Thomas in Artikel 3 der Frage 52, ob zwei oder mehr Engel zur gleichen Zeit am gleichen Ort sein können. Die Antwort lautet: Nein, mehrere Engel können nicht zur gleichen Zeit am gleichen Ort sein.

Zunächst führt er drei Gründe oder Einwände gegen die Bejahung der Frage an: Ja, zwei oder mehr Engel können sich zur gleichen Zeit am gleichen Ort befinden. Wir werden nur zwei dieser Gründe und die gegenteiligen Überlegungen des Aquinaten betrachten. Der dritte Grund ist rein theologischer Natur und soll daher hier nicht behandelt werden. Unmittelbar danach seine These:

1-Viele Körper können nicht gleichzeitig am selben Ort sein, weil sie ihn ausfüllen. Aber es ist unmöglich, dass Engel den Ort ausfüllen, da sie körperlos sind. Daher können viele Engel an einem Ort sein.

Sankt Thomas antwortet: Dass viele Engel nicht am selben Ort sein können, liegt nicht an der genannten Ursache, sondern an einer anderen, die in der These offenbart wird.

2-Ein Engel und ein Körper können gleichzeitig am selben Ort sein. Da es einen größeren Unterschied zwischen einem Engel und einem Körper gibt als zwischen zwei Engeln, können wir mit viel größerem Grund schlussfolgern, dass zwei Engel gleichzeitig am selben Ort sein können.

Sankt Thomas antwortet: *Der Engel und der Körper sind nicht auf dieselbe Weise am selben Ort. Folglich gibt es keine Parität.*

Die thomistische These besagt, dass **zwei oder mehr Engel nicht gleichzeitig am selben Ort sein können**. Der Grund: Es ist unmöglich, dass zwei perfekte und direkte Ursachen für dasselbe Ereignis gegeben sind. Angewendet auf unser Thema: Jeder Engel enthält einen Ort durch seine virtuelle Quantität. Der Engel ist die Ursache. Der Ort, der im Engel enthalten ist, ist die Wirkung. Das enthaltene Sein hängt von einer einzigen Ursache ab, das heißt von einem Engel. Jeder Engel ist ausreichend, um den Ort durch seine virtuelle Quantität zu enthalten. Ein weiterer Engel ist nicht erforderlich, da er nicht das enthalten könnte, was der erste bereits enthält. Es ist nicht möglich, dass zwei Engel dieselbe Wirkung erzeugen: denselben Ort zu enthalten, jeder durch seine virtuelle Quantität. Aber wenn die Wirkung vielfältig ist, können zwei oder mehr Engel diese vielfachen Wirkungen als verschiedene Ursachen verursachen.

(...) zwei Engel können nicht zugleich am selben Orte sein. Der Grund davon ist klar. Es können nicht zwei in sich ausreichende vollständige Ursachen als unmittelbare für ein und dieselbe Wirkung bestehen. Das geht aus allen Arten von Seinsursachen hervor. Nur eine ist die innere

unmittelbare Formalursache eines Dinges; nur einer ist der unmittelbar und zunächst Bewegende, wenn auch mehrere entferntere oder mittelbare sein können. Man möge nicht einwenden, daß doch oft mehrere ein Schiff ziehen. Denn keiner von diesen Ziehenden ist der ausreichende Beweger; sondern alle zusammen machen erst die vollkommene ausreichende Ursache aus, sie sind also alle insgesamt wie ein unmittelbarer Beweger. Da nun vom Engel gesagt wird, er sei in einem Orte, insofern seine wirkende Kraft unmittelbar den Ort, respektive den Körper erreicht in der Weise einer vollkommen messenden und zusammenhaltenden Ursache; so kann bloß ein Engel an einem Orte sein.[12]

Zusammenfassung der dargelegten Ideen

1-Der Engel nimmt einen Ort ein.

2-Der Engel nimmt keinen Ort so ein wie ein Körper, durch seine dimensionale Quantität.

3-Der Engel nimmt einen Ort durch seine virtuelle Quantität ein. Diese wird als das Maß der Vollkommenheit eines Seienden definiert. Auch die menschliche Seele besitzt sie.

4-Der Engel enthält den Ort, ohne von ihm enthalten zu sein.

5-Aufgrund seiner begrenzten Macht kann der Engel nicht überall oder an mehreren Orten gleichzeitig sein.

6-Zwei oder mehr Engel können nicht gleichzeitig am selben Ort sein, es sei denn, der erforderliche Effekt ist vielfältig.

So haben Engel keinen eigenen und abgegrenzten Ort; wenn gesagt wird, dass sie einen haben, geschieht dies durch Analogie der Verhältnismäßigkeit aufgrund ihrer operativen Tugend; mehr als "hier ist" sollte man sagen "hier wirkt", was sie zu Behältern macht – Inhaber und nicht Empfänger –: Sie sind "der Ort" durch ihre operative Handlung, ohne intrinsische und notwendige Abhängigkeit von den Körpern. Diese operative kausale Handlung schließt aus, dass zwei oder mehr Engel am selben Ort sind, da nur ein Engel benötigt wird, um die erforderliche Wirkung zu erzielen. Wenn die erforderliche Wirkung vielfältig ist, schließt die Engelursächlichkeit nicht aus, dass mehrere Engel am selben Ort sind.[13]

6. DIE ENGEL UND DIE BEWEGUNG

In der *Summa Theologica* I, q.53, entwickelt Thomas von Aquin alles, was mit der lokalen Bewegung oder Verschiebung der Engel zusammenhängt.

In Artikel 1 wird die Frage gestellt, ob sich der Engel örtlich bewegen kann oder nicht. Seine Antwort ist: Ja, er kann sich tatsächlich bewegen, aber nur der gesegnete Engel, das heißt, der gute Engel. Es ist erwähnenswert, dass hier eine theologische Komponente ins Spiel kommt, die die Engel in gute und böse oder Dämonen unterteilt. Es sollte beachtet werden, dass dies genau die Ansicht von Aquin ist, der seine metaphysischen Lehren nicht getrennt von seiner Theologie formuliert. Um den Dämonen das abzusprechen, was dem guten Engel zugeschrieben wird, muss man sich offensichtlich auf den Glauben und nicht auf die Metaphysik stützen. Wir betreten hier ein anderes Gebiet. Aus diesem Grund werde ich immer vom Engel als solchem sprechen, da er derjenige ist, auf den sich die metaphysischen Überlegungen des heiligen Thomas beziehen. Die entsprechenden Unterschiede überlassen wir dem Studium der Theologie.

Das Prinzip lautet, dass der Engel sich lokal bewegen kann. Aber er bewegt sich nicht wie ein Körper.

Der Engel ist weder begrenzt noch in einem Ort enthalten, sondern eher wie derjenige, der ihn enthält. Die Bewegung des Engels wird nicht durch den Ort selbst oder durch seine Anforderungen an Kontinuität gemessen, sondern ist eine diskontinuierliche Bewegung. Zum Beispiel: Er verlässt plötzlich einen Ort und nimmt vollständig einen anderen ein. Da er an einem Ort durch virtuelle Quantität ist, besteht seine Bewegung aus verschiedenen aufeinanderfolgenden und nicht gleichzeitig erfolgenden Kontakten: Der Engel kann nicht gleichzeitig an vielen Orten sein, wie bereits erwähnt.

Das Gesagte schließt nicht aus, dass es in Engeln eine kontinuierliche Bewegung geben kann. Aber es wird auch nicht wie die des Körpers sein. Zum Beispiel: So wie der Körper sukzessive den Ort verlässt, und nicht alles auf einmal, wo er vorher war, kann auch der Engel sukzessive den Ort verlassen, wo er war. Der Körper tut dies, weil er Teile hat. Der Engel tut dies durch aufeinanderfolgende Kontakte.

Im Artikel 2 fragt sich Thomas von Aquin, ob der Engel bei seiner Bewegung von der Abreise bis zur Ankunft durch die Mitte hindurchgeht oder nicht.

Diejenigen, die denken, dass dies der Fall ist, überlegen folgendermaßen:

Also. Auf der anderen Seite ist der Engel am Schlußpunkte der Bewegung nicht in Bewegung; denn da ist er bereits, soweit es die Bewegung anlangt, verändert. Vor dem Verändertsein kommt aber das Verändertwerden. Also ward er irgendwo verändert oder in Bewegung. Dies konnte aber nicht im Ausgangspunkte sein. Also muß es in den Zwischenorten geschehen. Dann muß aber der Engel in seiner Bewegung die Zwischenorte berühren.

Die Antwort des Aquinaten hängt von der Art der Bewegung ab.

Wenn die **Bewegung kontinuierlich** ist, muss der Engel sich bewegen, indem er durch die Mitte geht.

Wenn die **Bewegung diskontinuierlich** ist, kann er sich von einem Ende zum anderen bewegen, ohne durch die Mitte zu gehen.

(...) wenn die Bewegung nicht kontinuierlich ist, sind alle Teile, die sie bilden, in Akt numeriert. Wenn sich ein bewegliches Objekt mit diskontinuierlicher Bewegung bewegt, ist es entweder erforderlich, dass es nicht alle Zwischenstellen passiert, oder dass es unendlich viele Zwischenstellen durchläuft. Letzteres ist unmöglich. Daher durchläuft der Engel bei diskontinuierlicher Bewegung nicht alle Zwischenstellen.

Im dritten und letzten Artikel dieser Frage 53 fragt Thomas von Aquin, ob die Bewegung des Engels augenblicklich ist. Es geht darum zu klären, ob die Bewegung des Engels in der Zeit stattfindet oder außerhalb von ihr. Die Antwort ist negativ.

In jeder Bewegung gibt es ein Vorher und ein Nachher. *Daher ist jede Bewegung, auch die des Engels, in der Zeit, da es darin ein Vorher und ein Nachher gibt.* Die Zeit wird kontinuierlich oder diskontinuierlich sein, je nachdem, wie die Bewegung ist. Wir erinnern uns daran, dass der Engel sich auf beide Arten bewegen kann.

Aber diese Zeit, ob kontinuierlich oder nicht, hat nichts gemeinsam mit der Zeit, die die Bewegung des Himmels misst und durch die alle körperlichen Wesen gemessen werden, deren Veränderungen von der Bewegung des Himmels abhängen, weil die Bewegung des Engels nicht von der Bewegung der Himmel abhängt.

Zusammenfassung der dargelegten Ideen

Die thomistische Reflexion besagt: Wenn die Engel aufgrund ihrer operativen Kraft in einen Körper eintreten, bewegen sie sich versehentlich mit diesem Körper; ein Beispiel dafür sind die Dämonen in besessenen Körpern. Unter diesen Bedingungen bewegen sie sich lokal aufgrund ihrer operativen Kraft über die Orte, die sie betreten und nacheinander besitzen, sei es kontinuierlich oder diskontinuierlich, nicht auf die Weise der örtlichen Bewegung der Körper, sondern auf die Weise ihrer aktiven Kraft. Diese Bewegung ist nicht augenblicklich, sondern in der Zeit. Die Zeit ist das Maß der Bewegung, da es keine Zeit ohne Bewegung gibt und "die Zeit nichts anderes ist als die Aufzählung des Ersten (das Vorher) und des Zweiten (das Nachher) in der Bewegung". Wenn es eine Abfolge von Augenblicken gibt, gibt es Zeit. Die Bewegung der Engel ist zeitlich kontinuierlich, nicht augenblicklich, aufgrund dieser Abfolge - des Maßes der Augenblicke -. Alle diese Bewegungsabläufe sind seiner Kraft und seinem Willen zu verdanken, entweder als Motor oder als beweglicher

Motor an dem Ort, der Gegenstand der Bewegung ist, von seinem Verstand aus, der durch den Willen bewegt wird und in dem, was bewegt wird, nach außen wirkt, ohne dass die Zeit dieser Bewegung von der Bewegung des Himmels abhängt, der die körperlichen Wesen misst, da der Engel unkörperlich ist und seine operative Tugend keine mit der astralen Bewegung verbundene Größe hat.[14]

7. DAS WISSEN IN DEN ENGELN (1)

Wir empfehlen, zu unserem *Einführung in die Thomistische Metaphysik III*. Kapitel 6, mit dem Titel *Epistemologie* zurückzukehren. Um nicht ausführlich zu sein, nehmen wir an, dass der Inhalt bekannt ist, was es ermöglichen wird, das Thema, das wir im Folgenden behandeln werden, schneller zu verstehen.

In diesem Kapitel werden wir das Thema gemäß dem behandeln, was in der Summa Theologica gelehrt wird.

I-Die Erkenntnisfähigkeit der Engel (Vgl. *Summa Theologica* I, q.54)

I-1.Im Engel, wie auch in den menschlichen Seienden, ist das Erkennen oder Verstehen nicht seine Substanz. Bei Gott und nur bei Ihm ist Sein Erkennen oder Verstehen Seine Substanz:

1-Das Erkennen oder Verstehen ist eine Handlung. Die Handlung ist *die Aktualität einer Fähigkeit*. Mit anderen Worten, es ist eine Fähigkeit in Akt. Damit die Substanz des Engels sein eigenes Erkennen ist, muss der Engel reine Aktualität sein. Aber das kann er nicht sein, denn in ihm gibt es eine Zusammensetzung von Akt und Potenz.

2-Wenn das Erkennen des Engels seine Substanz wäre, müsste der Engel ein subsistierendes Seiende sein. *Aber das subsistierende Verstehen, wie jede andere subsistierende abstrakte Form, muss etwas Einzigartiges sein.* Wenn der Engel ein subsistierendes Seiende wäre, würde er sich nicht von der Substanz Gottes unterscheiden, die dasselbe subsistierende Sein ist, noch von der Substanz eines anderen Engels. Und das ist widersprüchlich. Es ist unmöglich.

3-*Wenn der Engel sein eigenes Verstehen wäre, könnte es keine mehr oder weniger perfekten Grade im Verstehen geben (...)*. Dass es sie gibt, zeigt uns die Vielfalt der Teilhabe am Sein der Akt des Verstehens.

I-2. Im Engel, wie auch bei den Menschen, ist das Erkennen oder Verstehen nicht sein Existieren *(esse)*. Bei Gott und nur bei Ihm ist Sein Erkennen oder Verstehen sein Existieren *(esse)*.

1-Das Erkennen oder Verstehen ist eine Handlung, die im Agenten verbleibt. Sie verändert nichts Äußeres. Sie erfordert absolute Unendlichkeit. Ihr Objekt ist die Wahrheit. Die Akt des Verstehens bezieht sich daher auf alles. Sie hat das Potenzial, alles Existierende oder Mögliche zu erkennen oder zu verstehen. Sie erhält ihre Art von ihrem Objekt.

2-Im Gegensatz dazu ist das Existieren oder *esse* des Engels auf eine einzige Sache sowohl in der Gattung als auch in der Art bestimmt. Es ist endlich. Es ist auf die Substanz dieses konkreten Engels beschränkt. Es aktualisiert die Essenz dieses Engels und nur diese und keine andere. Nur das Existieren oder *esse* Gottes ist ein absolut unendliches *esse*, das *alles in sich umfasst, wie Dionysius im Kapitel 5 "Über die göttlichen Namen" sagt. Deshalb ist nur das göttliche Sein sein Verstehen und sein Wollen.*

I-3. Im Engel, wie auch bei den Menschen, ist seine Potenz zu erkennen oder zu verstehen (intellektuelle Potenz) nicht seine Essenz. Bei Gott und nur bei Ihm ist Seine Potenz zu erkennen oder zu verstehen Seine Essenz.

Die oben genannte Behauptung zeigt Sankt Thomas folgendermaßen auf: Die Potenz steht im Zusammenhang mit der Akt. Bei Vielfalt der Akt, Vielfalt der Potenzen. Die Essenz *(essentia)* eines jeden Seienden steht zu seinem Existieren *(esse)* wie die Potenz zur Akt. Die Akt, die der intellektuellen Potenz entspricht, ist die Handlung des Erkennens oder Verstehens. Aber weder im Engel noch in irgendeinem Geschöpf sind *esse* und Erkennen oder Verstehen dasselbe. *Daher ist die Essenz des Engels nicht seine intellektuelle Potenz, und auch in einem geschaffenen Seienden ist seine operative Potenz nicht seine Essenz.*

I-4. Bei Engeln muss nicht zwischen dem möglichen Intellekt und dem aktiven Intellekt unterschieden werden. Bei menschlichen

Seienden ist es möglich, den *intellectus possibilis* (möglichen Verstand) vom *intellectus agens* (aktiven Intellekt) zu unterscheiden.

Und dies aus folgenden Gründen:

1-Wir können im Akt des Erkennens oder Verstehens sein oder im Potenzial des Erkennens oder Verstehens *(intellectus possibilis)*. Aber Engel können nicht im Potenzial sein, das zu kennen oder zu verstehen, was sie von Natur aus kennen oder verstehen.

2-Der aktive Intellekt ist die Fähigkeit unseres Verstandes, die von den Sinnen erfassten materiellen Substanzen als potenziell intelligibel zu machen. Dies geschieht bei Engeln nicht, da sie das Immaterielle direkt verstehen, ohne die Vermittlung eines aktiven Intellekts.

II-Das Mittel des Engelwissens (*Summa Theologica* I, q.55)

II-1. Ein Engel kann nicht alles in sich selbst kennen. Nur Gott kann alles in sich selbst kennen.

Und das aus folgenden Gründen:

1-Ein Engel ist Form, keine Materie und Form. Seine Essenz ist seine Form.

2-*Was der Verstand versteht, ist für ihn seine Form, denn die Form ist das, durch das der Agent handelt.* Daher handelt der Engel durch seine Form oder Essenz.

3-Das Objekt des Engelverstandes, wie das Objekt unseres Verstandes, ist die Wahrheit der Seienden.

4-Wir, die vergänglichen Seienden, können nicht alles erkennen. Unsere Form wird durch die Materie begrenzt, die in der Lage ist, zahlreiche Formen anzunehmen. Mit anderen Worten: Unser Verständnis ist begrenzt, weil die Materie, die unsere Sinne erfassen, im Potenzial der Formen liegt, die unser Verstand nicht erreicht, nicht in der Lage ist, sie in die Akt umzusetzen. Daher können wir nicht alles in sich selbst kennen.

5-Engel hingegen, da sie reine Form sind, die nicht von der Materie abhängt, haben einen Verstand, der im Potenzial ist, sich auf alles erstrecken zu können. Mit anderen Worten: Im Gegensatz zu uns haben Engel ein allgemeines Wissen über alles.

6-Allerdings können sie aufgrund ihrer endlichen und ihrer Art bestimmten Form (durch die sie erkennen) nicht alles absolut und perfekt in sich selbst erfassen. Nur Gott, dessen Form unendlich ist, kann dies tun.

7-Daher können die Engel zwar alles im Allgemeinen kennen, aber sie können nicht alles in sich selbst kennen.

II-2. Der Engelverstand benötigt keine vorherigen intelligiblen Spezies, um zu verstehen. Wir schon.

1-Wir erkennen durch die Sinne. Unser aktiver Intellekt verarbeitet die Informationen durch Abstraktion. Er macht die Essenz der Seienden intelligibel.

2-Engel haben keine Sinne, denn sie sind nur Form. Sie erkennen nicht durch die Sinne. Sie erkennen das Intelligible auf natürliche Weise.

3-*Es gibt eine Unterscheidung und Ordnung zwischen geistigen Substanzen, wie es auch eine Ordnung und Unterscheidung zwischen körperlichen gibt.* Engel, als von jeglicher Materie getrennte Substanzen, stehen über den menschlichen Seelen, die vorübergehend mit der Materie verbundenen Substanzen sind, nämlich dem Körper.

4-Daher können wir sagen, dass *menschliche Seelen die intellektuelle Kraft natürlicherweise unvollständig haben; und sie wird allmählich vervollständigt, indem sie intelligible Spezies der Dinge annimmt.* Mit anderen Worten: Wenn unser Verstand die von den Sinnen gelieferten Informationen verarbeitet und die Bilder *(phantasmata)* entwickelt. Die sinnliche Erfahrung ermöglicht es unserer Seele, in ihrem Gedächtnis und ihrer Vorstellungskraft die Formen der Seienden zu sammeln, die sie kennt (Spezies oder Ähnlichkeiten).

5-Bei Engeln ist das anders. Ihre *Natur ist mit intelligiblen Spezies gefüllt, da sie natürlicherweise intelligible Spezies besitzen, um alles zu verstehen, was sie natürlich verstehen können.*

6-Daher *sind im Engelverstand die Ähnlichkeiten der Geschöpfe vorhanden, aber nicht von ihnen genommen, sondern von Gott, der die Ursache der Geschöpfe ist und in dem die Ähnlichkeiten der Dinge zuerst existieren.*

7-Schließlich haben Engel von Gott ihre intellektuelle Natur zusammen mit den intelligiblen Spezies der Seienden erhalten.

II-3. Angesichts der Engels-Hierarchie ist es angebracht zu unterscheiden, wie der höhere Engel und wie der niedrigere Engel erkennt.

1-Ein Engel ist einem anderen überlegen, indem er Gott näher ist und Ihm ähnlicher ist.

2-Gott kennt alle Dinge an sich selbst.

3-Die Engel haben nicht die intellektuelle Fülle Gottes. *Daher müssen die Wesen, die untergeordnet sind, das, was Gott durch eine einzige Form kennt, durch viele kennen; und je geringer ihr Verständnis ist, desto mehr.* Gott kennt durch seine Essenz. Die Engel nicht.

4-Auf diese Weise wird ein höher in der Hierarchie stehender Engel mit weniger Spezies kennen und das Universelle schneller verstehen. *Ein ungefähres Beispiel dafür finden wir in uns selbst. Es gibt solche, die die intellektuelle Wahrheit nicht erfassen können, es sei denn, sie wird ihnen mit allen Einzelheiten erklärt; das liegt an der Schwäche ihres Verständnisses. Andere wiederum, die einen stärkeren Verstand haben, können mit wenigen Grundsätzen viel erfassen.*

III-Die Kenntnis, die Engel von den unkörperlichen Substanzen haben (Vgl. *Summa Theologica* I, q.56)

III-1.Der Engel erkennt sich selbst

1-In der Handlung, die im Agenten verbleibt (wie Verstehen oder Fühlen), muss das Objekt der Handlung mit dem Agenten verbunden sein. Im Fall des Verstehens muss das Intelligible mit dem Verständnis verbunden sein. Nur so können wir sagen, dass wir verstehen. Wir haben wiederholt darauf hingewiesen, dass bei diesen Operationen nichts über den Agenten hinausgeht.

2-Die Spezies des Intelligiblen ist im Verständnis das formale Prinzip des Erkennens.

3-*Es ist jedoch zu beachten, dass diese Objektspezies manchmal nur potenziell in der kognitiven Fakultät vorhanden sind; und dann gibt es nur eine potenzielle Erkenntnis.* In diesem Fall ist es für in Akt Erkennen erforderlich, dass die kognitive Potenz die Spezies empfängt.

4-Wenn jedoch der Agent die Spezies immer in Akt hat, kann er durch sie erkennen, ohne dass zuvor eine Veränderung oder Aufnahme stattfindet.

5-Damit die intelligible Form das Handlungsprinzip des Verständnisses ist, ist es gleichgültig, ob sie einem anderen innewohnt (Akzidens) oder ob sie für sich allein subsistente (Substanz). *So würde die Wärme nicht weniger wärmen, weil sie für sich allein subsistente als weil sie innewohnt.*

6-Nun, wenn es in der Ordnung des Intelligiblen etwas gibt, das eine subsisterende intelligible Form ist, wird es in sich selbst verstanden. Der

Engel ist als immaterielles Seiende eine subsistente und an sich intelligible Form. Folglich versteht er sich durch seine Form, die seine Substanz ist.

III-2. Ein Engel kann einen anderen Engel kennen

In diesem Fall ziehen wir es vor, Einwände gegen die Möglichkeit, dass ein Engel einen anderen erkennen kann, und die Antworten des Engelsdoktors auf jeden dieser Einwände zu betrachten. Dies erscheint uns metaphysisch begründet. Die allgemeine Antwort auf diese Frage hingegen erscheint uns theologischer Natur und wird daher hier nicht erwähnt.

1-Aristoteles lehrt, dass *wenn der menschliche Verstand eine Natur hätte, wie sie in der Welt der Sinne existiert, diese Natur, die in ihm wäre, das Erscheinen einer anderen Natur verhindern würde.* Zum Beispiel: Wenn die Pupille unseres Auges von einer bestimmten Farbe durchdrungen wäre, könnte sie keine anderen Farben sehen. Aber unser Verstand ist Form und als solche in der Potenz, die Wesenheiten aller Seienden zu erfassen: materielle und immaterielle. Wenn er nur Materie wäre, könnte er nicht die Wesenheiten der immateriellen Seienden erfassen. Was unser Verstand für das Verstehen des Körperlichen ist, ist für den Engel, die intellektuelle Substanz, das Verstehen des Immateriellen. Daher ist der Engel nur Form, und sein Verständnis auch, und seine Form ist spezifisch, weil jeder Engel eine unterschiedliche Spezies ist, daher ist er nicht in der Lage, andere engelische Formen zu kennen.

Auf das antwortet Sankt Thomas: Die immaterielle Natur des Engels hindert ihn nicht daran, andere Engel zu kennen, seien sie ihm überlegen oder unterlegen. Denn alle sind ihm ähnlich, und der Unterschied zwischen ihnen besteht nur in ihren verschiedenen Graden der Vollkommenheit. Ein Engel kennt einen anderen durch die Ähnlichkeit in der Art.

2-Im *Liber de Causis* heißt es: *Jedes Verstehen kennt das, was über ihm ist, insofern es seine Ursache ist, und das, was unter ihm ist, insofern es von ihm verursacht wird.* Ein Engel ist nicht Ursache für einen anderen. Es besteht keine Ursache-Wirkungs-Beziehung zwischen dem Sein eines

Engels und dem Sein eines anderen Engels. Daher kann ein Engel einen anderen nicht kennen.

Auf das antwortet Sankt Thomas: Ein Engel kennt einen anderen, weil sie einander ähnlich sind. Zwischen ihnen besteht Ähnlichkeit im Sein, ohne Kausalität.

3-Wir haben bereits gesehen, dass ein Engel den anderen nicht in seiner Essenz erkennen kann, sondern nur allgemein. Man kann auch nicht sagen, dass er ihn durch eine intelligible Spezies kennt, weil eine solche intelligible Spezies nicht verschieden vom bekannten Engel wäre, da beide immateriell sind. Daher kann ein Engel keineswegs einen anderen erkennen.

Auf das antwortet Sankt Thomas: Ein Engel A kennt einen anderen Engel B durch die Spezies des Engels, die in seinem Verständnis vorhanden ist. So wie wir einen Stein kennen, den wir durch die Sinne erfassen, durch die Spezies des Steins, die in unserem Verstand ist. Diese Spezies des Engels, die im Verstand des Engels A ist, unterscheidet sich von dem Engel B, von dem der Engel A ähnlich ist. Dieser Unterschied besteht nicht wie der Unterschied zwischen dem Materiellen und dem Immateriellen, sondern wie der Unterschied zwischen dem Natürlichen und dem Intentionalen oder Willkürlichen. Der Engel A im Allgemeinen und der Engel B im Besonderen sind eine subsistierende Form, in ihrem natürlichen Sein existiert. Dagegen ist die intelligible Spezies des Engels, die sich im Verstand des Engels A befindet, nicht, sondern sie hat dort nur intentionales Sein und nicht subsistentes Sein. *Ebenso verhält es sich mit der Form der Farbe, die an der Wand natürliches Sein hat, im übertragenden Medium aber nur intentionales Sein.*

4-Wenn ein Engel einen anderen kennt, kann dies aus zwei Gründen geschehen. Erstens: Er kennt ihn durch eine angeborene Spezies. In diesem Fall könnte ein neuer Engel, den Gott erschaffen würde, nicht von denjenigen, die jetzt existieren, gekannt werden. Zweitens: Er kennt ihn durch eine von den Dingen entlehnte Spezies. In diesem Fall könnten die höheren Engel die niedrigeren nicht kennen, von denen sie nichts empfangen. Daher kann ein Engel einen anderen nicht kennen.

Auf das antwortet Sankt Thomas: Der Engel kennt einen anderen Engel durch die intelligible Spezies, die Gott in sein Verständnis gelegt hat. *Wenn Gott beabsichtigt hätte, mehr Engel oder mehr Naturen zu schaffen, hätte er mehr intelligible Spezies in die geistigen Köpfe gedruckt. (...) Es ist dasselbe anzunehmen, dass Gott dem Universum eine weitere Kreatur hinzufügt, oder dem Engel weitere intelligible Spezies hinzufügt.*

III-3. Die Engel kennen Gott

1-Ein Seiende kann auf drei Arten erkannt werden. a) Durch die Gegenwart seiner Essenz im Erkennenden. Beispiel: Wie wenn das Licht im Auge gesehen wird. So erkennt der Engel sich selbst. b) Durch die Gegenwart des Bildes in der kognitiven Fähigkeit. So erkennen wir, durch die Spezies des Seienden, die in unserem Verstand eingeprägt ist. c) Wenn die Ähnlichkeit des erkannten Seienden nicht unmittelbar vom Seienden selbst genommen wird, sondern von etwas anderem, in dem es erscheint. Zum Beispiel: Wenn wir einen Menschen im Spiegel sehen.

2-Die Erkenntnis Gottes, wie er ist, in seiner Essenz, bezieht sich auf die erste Art des Erkennens. Diese Art von Erkenntnis Gottes kann keine Kreatur mit ihren natürlichen Mitteln haben. Dieses Konzept haben wir bereits in unserer *Einführung in die Thomistische Metaphysik VIII* und *IX* entwickelt.

3-Die dritte Art entspricht der Erkenntnis, die wir von Gott in diesem Leben haben, wenn wir ihn durch das göttliche Ebenbild erkennen, das in den geschaffenen Seienden reflektiert wird.

4-Die natürliche Gotteserkenntnis des Engels ist eine Zwischenform zwischen den beiden genannten Modi. Sie ist dem zweiten Modus insofern ähnlich, als die Natur des Engels von der Natur Gottes geprägt ist, so dass der Engel Gott auf natürliche Weise kennt. Aber er kennt Gott nicht in sich selbst, in seinem Essenz.

Aufgrund der unendlichen Distanz zwischen dem Verständnis und der Essenz des Engels und Gott folgt, dass sie ihn nicht erfassen oder seine göttliche Essenz auf natürliche Weise sehen können; aber das bedeutet nicht, dass sie keine Kenntnis von Gott haben können. Es verhält sich so, dass genauso wie Gott eine unendliche Distanz zu den Engeln hat, so hat auch die Erkenntnis, die Gott von sich selbst hat, eine unendliche Distanz zu der, die der Engel von Gott hat.

IV-Das Wissen, das Engel über körperliche Substanzen haben (*Summa Theologica* I, q.57)

IV-1.Die Engel kennen die körperlichen Seiende.

1-In der geschaffenen Ordnung sind die höheren Seienden vollkommener als die niedrigeren. Gott der Schöpfer ist der Bezugspunkt des Seins und der Vollkommenheit aller Seienden. *Was in den niederen in mangelhafter, teilweiser und vielfacher Form enthalten ist, ist in den höheren in hervorragender, einheitlicher und einfacher Form.*

2-In der geschaffenen Ordnung sind die Engel die Seienden, die Gott dem Schöpfer am nächsten sind. Sie nehmen an seiner Güte mehr und besser teil als die anderen Seienden. Man kann sagen, dass die Engel unter allen Geschöpfen am meisten Gott ähnlich sind.

3-Alles, was in den körperlichen Seienden vorhanden ist, ist in den Engeln einfacher und unkörperlicher vorhanden als in ihnen, aber weniger einfach und vollkommen als in Gott.

4-Alles, was in einem anderen vorhanden ist, hat die Art des Seins von dem, in dem es ist. Die Engel sind getrennte oder intellektuelle Substanzen, die von Natur aus einfache Formen sind. Daher, so wie Gott die Dinge in seiner Essenz kennt, kennen sie auch die Engel. Die Dinge sind im Verstand des Engels durch ihre intelligiblen Spezies.

5-So erkennt der Engel die materiellen Dinge aufgrund der intelligiblen Spezies, die er von ihnen in seinem Verstand hat. *In diesem Sinne sind die intelligiblen Spezies im Verstand des Engels Vollkommenheiten und Akte des Engelverstands.*

6-Die körperlichen Seienden sind im Verstand des Engels, nicht nach ihrer realen Existenz, sondern so, wie das Erkannte im Erkennenden ist. Dies geschieht auch beim Menschen. Die Sinne des Menschen erfassen nicht die Essenz der Dinge. Sie beschränken sich darauf, ihre Akzidenzen wahrzunehmen. Auch die Vorstellungskraft erfasst nicht die Essenz der Dinge. Sie beschränkt sich darauf, die Bilder der Körper wahrzunehmen. Es ist der Verstand, der die Essenz der körperlichen Seienden abstrahiert. Es ist der Intellekt, der sowohl beim Menschen als auch beim Engel die Essenz der körperlichen Seienden erkennt. Jeder auf seine Weise. Beim Menschen durch die vorherige Tätigkeit der Sinne und der Vorstellungskraft. Beim Engel, der keine Sinne und Vorstellungskraft hat, direkt.

7-Bei Menschen beginnt die Operation mit den Sinnen, geht weiter mit der Vorstellungskraft und endet mit der Abstraktion, die der Verstand durchführt, um die intelligiblen Spezies der erkannten Dinge zu erzeugen. Der Mensch erkennt durch die Abstraktion der Essenz der Dinge, die er durch die Sinne wahrnimmt. Bei Engeln ist dies nicht der Fall. Ein Engel muss nicht arbeiten, um die intelligiblen Spezies zu erzeugen, wie es der Mensch tut, sondern er besitzt solche intelligible Spezies von Natur aus im Akt. *Für sein Verständnis sind sie das, was für unser Verständnis die Spezies sind, die durch Abstraktion verständlich gemacht werden.*

IV-2.Die Engel kennen das Besondere

1-Der Mensch erkennt das Besondere und Materielle durch die Sinne und das Allgemeine und Immaterielle durch den Verstand.

2-Da der Engel keine Sinne hat, erkennt er alles, das Besondere und Allgemeine, Materielle und Immaterielle, durch seinen Verstand.

3-Dies ist so, weil, wie wir bereits oben gesagt haben, in der Schöpfungsordnung, je erhabener ein Seiende ist, desto größer ist seine Fähigkeit und umso mehr Dinge umfasst es. *Daher ist es, da der Engel in der natürlichen Ordnung über dem Menschen steht, nicht zulässig zu sagen, dass der Mensch durch eine seiner Kräfte etwas kennt, was der Engel nicht durch seine einzige Erkenntnisfähigkeit, den Verstand, kennt.* In diesem Zusammenhang erinnert Sankt Thomas an Aristoteles, *der es für unannehmbar hält, dass, wenn wir die Uneinigkeit kennen, Gott sie ignorieren würde.*

4-Wir haben bereits gesagt, dass der Engel durch angeborene intelligible Spezies erkennt. Diese sind Abbilder der göttlichen Essenz. Beachten Sie, dass in Gott, wie in seiner Ursache, alles vorhanden ist, was wir in den Seienden finden können. In der göttlichen Essenz finden wir die Ähnlichkeiten sowohl der Form als auch der Materie aller Dinge. *Daher sind die Spezies des Engelsverstandes, die Abbilder der göttlichen Essenz sind, die Ähnlichkeit der Dinge nicht nur in Bezug auf die Form, sondern auch in Bezug auf die Materie.* Und das ist ein weiterer Grund, der es uns erlaubt zu behaupten, dass der Engel das Besondere der Seienden kennt und nicht nur das Allgemeine.

IV-3. Die Engel kennen die Zukunft nicht

1-Sankt Thomas lehrt, dass die Zukunft auf zwei Arten bekannt sein kann.

2-Die erste Art besteht darin, die Zukunft durch ihre Ursachen zu kennen. Dieses Wissen kann notwendigerweise stammen, wie wenn ich sage "Morgen wird die Sonne aufgehen". Oder es kann vermutend sein, wie wenn der Arzt die Gesundheit des Kranken prognostiziert.

3-Die zweite Art besteht darin, die Zukunft an sich zu kennen. Das bedeutet: zu wissen, was morgen passieren wird und wie es unweigerlich passieren wird, sowohl das Verursachte als auch das Zufällige oder Beiläufige.

4-Wie der Mensch kennt auch der Engel nach der ersten Art. Aber im Unterschied zum Menschen kennt er die Ursachen perfekter, so wie Ärzte, die die Ursachen einer Krankheit schärfer erkennen, besser die zukünftige Entwicklung der Krankheit vorhersagen können.

5-Nach der zweiten Art kennt nur Gott. Seine Ewigkeit, Unendlichkeit und Vollkommenheit ermöglichen es ihm, absolut alles zu kennen, außerhalb aller Zeit.

6-Der Verstand des Engels steht über der Zeit, die die Bewegungen des Körpers misst. Aber im Engel gibt es trotzdem Zeit als Folge von Gedanken. *Und da im Verstand des Engels Abfolge herrscht, ist nicht alles gegenwärtig, was im Laufe aller Zeiten geschieht.* Daher ist es unmöglich, dass er nach der zweiten Art kennt.

IV-4. Die Engel kennen nicht die Gedanken des Menschen

1-Sankt Thomas lehrt, dass unsere Gedanken sowie unsere Affekte auf zwei Arten bekannt sein können.

2-Die erste Art ist ein Wissen, das sich aus den Auswirkungen ergibt. Zum Beispiel kann unser Verhalten verraten, was wir denken oder fühlen, auch wenn wir es geheim halten, ohne etwas zu sagen.

3-Die zweite Art ist ein direktes Wissen über die Gedanken, wie sie im Verstand vorhanden sind, und über die Affekte, wie sie im Willen vorhanden sind.

4-Der Engel kennt wie der Mensch nach der ersten Art. Natürlich mit größerer Vollkommenheit.

5- Nur Gott kennt nach der zweiten Art.

V-Die Art des Erkennens der Engel (*Summa Theologica* I, q.58)

V-1.Das Wissen des Engels kann im Akt oder in Potenz sein

1-Nach Aristoteles ist der Verstand auf zwei Arten in Potenz.

2-Die erste Art, bevor er lernt. Die zweite Art, nachdem er gelernt hat.

3-Die erste Art verweist auf das, was der Engel auf natürliche Weise kennt. Das heißt: das, was er durch angeborene intelligible Spezies kennt. In diesem Fall ist der Verstand des Engels niemals in Potenz hinsichtlich der Dinge, die er natürlich verstehen kann. Das heißt: Er ist nicht in Potenz, um intelligible Spezies zu erlangen, die er bereits im Akt besitzt.

4-Was die zweite Art betrifft, so sagt Aquin, dass *der Verstand des Engels in Potenz bezüglich der Dinge sein kann, die er auf natürliche Weise kennt, da er nicht immer über alles nachdenkt, was er natürlich kennt.* Wenn er über das nachdenkt, was er auf natürliche Weise kennt (und er kennt natürlich durch seine angeborenen intelligiblen Spezies), ist sein Verstand im Akt. Wenn er nicht über das nachdenkt, was er auf natürliche Weise kennt, ist sein Verstand in Potenz.

5-Im Engel wie im Menschen gibt es keine Potenz ohne Akt. *Daher ist auch sein Verstand nicht in Potenz, ohne dass irgendein Akt vorhanden ist.*

V-2.Der Engel kann viele Dinge gleichzeitig kennen

1-Es ist offensichtlich, dass viele Dinge, solange sie unterschiedlich sind, nicht gleichzeitig verstanden werden können.

2-Es ist offensichtlich, dass viele verschiedene Dinge, die jedoch in einem einzigen intelligiblen Objekt vereint sind, gleichzeitig verstanden werden können. *So versteht unser Verstand gleichzeitig das Subjekt und das Prädikat als Teile eines einzigen Satzes; und so versteht er auch die Elemente eines Vergleichs, wenn sie als Vergleich betrachtet werden.*

3-Daher können wir sagen, dass *alles, was durch dieselbe intelligible Spezies verstanden werden kann, als ein einziges intelligentes Objekt bekannt ist und daher gleichzeitig.*

4-Wir haben bereits gesagt, dass der Engel durch angeborene intelligible Spezies kennt. Er kann oder versteht alles gleichzeitig, was durch dieselbe Spezies verstanden oder erfasst werden kann, aber nicht das, was verschiedene Spezies erfordert.

5-Daraus schließen wir: *Viele Dinge als eines zu verstehen, bedeutet in gewisser Weise, nur eines zu verstehen.* In diesem Sinne können sowohl Engel als auch Menschen viele Dinge gleichzeitig wissen.

V-3. Der Engel kennt nicht durch diskursives Verfahren

1-Der Mensch kennt oder versteht durch diskursives Verfahren. Er muss nachdenken, um zu Schlussfolgerungen zu gelangen.

2-Das ist beim Engel nicht der Fall. Bei den Dingen, die er auf natürliche Weise kennt, kennt er alles, was von ihnen bekannt ist, ohne dass ein diskursives Verfahren erforderlich ist. Dies liegt daran, dass er besitzt die Vollständigkeit des intellektuellen Lichts: Indem er die ersten Prinzipien kennt, versteht er sofort alle Folgerungen.

V-4. Der Engel kennt nicht durch Zusammensetzung und Teilung

1-Was die Zusammensetzung von Begriffen verursacht, ist nicht irgendeine Vielzahl von Begriffen. Es ist die Vielzahl derjenigen Begriffe, von denen einem anderen einer zugeschrieben oder von einem anderen verneint wird. *Genau wie im Verstand, der argumentiert, der Schluss mit seinem Anfang verglichen wird, so wird im Verstand, der zusammensetzt und teilt, das Prädikat mit dem Subjekt verglichen.*

2-Der Mensch kennt durch Zusammensetzung und Teilung. Beim Betrachten der Essenz eines Seienden kann er nicht alles kennen, was ihm zugeschrieben oder abgesprochen wird, es sei denn, er entwickelt eine mühsame Überlegung.

3-Dies geschieht aufgrund der intellektuellen Schwäche, die im Menschen besteht.

4-Aber im Engel, einer reinen intellektuellen Substanz, ist das Licht des Wissens vollkommen. Und genauso wie er nicht durch Nachdenken versteht, versteht er auch nicht durch Zusammensetzung und Teilung.

5-Daher kennt der Engel die Dinge, die er durch die ihm angeborenen intelligiblen Spezies kennt, direkt und unmittelbar, ohne dass eine Diskussion, Zusammensetzung oder Teilung der Wesen erforderlich ist.

V-5. In der Erkenntnis des Engels kann keine Falschheit sein

1-Es wurde im vorherigen Abschnitt festgestellt, dass der Engel nicht durch Zusammensetzung und Teilung kennt, sondern indem er direkt versteht, *was etwas ist*. Das heißt, seine Essenz.

2-Das Verständnis darüber, *was etwas ist*, ist immer wahr. Das eigentliche Objekt des Verständnisses ist die Wahrheit des Seienden. In Bezug auf die Wahrheit dessen, was ist, irrt der Verstand nicht.

3-Es kann jedoch vorkommen, dass unser Verstand beim Verständnis dessen, *was etwas ist*, getäuscht oder falsch ist. Zum Beispiel, *wenn wir die folgende Definition einer Sache nehmen würden: "Viervierbeiniges fliegendes Tier" (weil kein Tier so ist)*. Der Aquinate erklärt, dass *dies bei zusammengesetzten Wesen geschieht, deren Definition aus verschiedenen Elementen besteht, von denen eines gegenüber dem anderen materiell ist*.

Aber es geschieht nicht bei einfachen Wesenheiten, *denn entweder werden sie nicht vollständig erfasst, und in diesem Fall wird nichts von ihnen verstanden, oder sie werden so verstanden, wie sie sind.*

4-Somit kommen wir zu dem Schluss: Fehler oder Täuschung können an sich nicht im Verständnis des Engels oder im Verständnis des Menschen liegen, sondern nur zufällig, *wenn sie unangemessen eine Zusammensetzung oder Teilung beinhalten.*

8. DAS WISSEN IN DEN ENGELN (2)

In diesem Kapitel werden wir das Thema des Wissens oder Verstehens bei den Engeln gemäß dem Unterricht in der *Summa contra Gentiles* weiterentwickeln. Dies wird es uns ermöglichen, die erlernten Konzepte zu erweitern und zu klären. Besonders wenn man bedenkt, dass dieses Werk einen metaphysischeren Ton und Inhalt hat als die *Summa Theologica*.

Kapitel 96: Getrennte Substanzen nehmen keine Kenntnis vom Sinnlichen

1-Die Sinne erkennen das Sinnliche. Der Verstand erkennt das Intelligible. Nur das Körperliche wird durch die Sinne erkannt. Der Engel, als wesentlich körperlose Substanz, hat keine Sinne: Er erkennt nur durch seinen Verstand oder sein Verständnis. Folglich nehmen getrennte Substanzen keine Kenntnis vom Sinnlichen.

2-Die intellektuelle Kraft des Engels ist höher als die des Menschen. Das menschliche Verständnis ist das niedrigste unter den geschaffenen intellektuellen Substanzen. Es benötigt das Bild *(phantasma)*, um die Essenz der Seienden zu durchdringen und das Sinnliche intelligibel zu machen, das von den Sinnen erfasst wird. Das Bild *(phantasma)* ist nicht das Produkt der Seele, sondern der Seele und des Körpers. Deshalb kann Thomas von Aquin sagen, dass das Bild "außerhalb der Seele" ist. Aber der Engel hat keinen Körper oder Sinne und kann daher kein Bild *(phantasma)* erzeugen. Die Engel nehmen das intellektuelle Wissen vom Sinnlichen nicht wie der Mensch wahr, sondern verstehen direkt ohne Vermittlung eines Bildes *(phantasma)*.

3-*Wie die Ordnung der Verständnisse ist, so ist die Ordnung des Intelligiblen*. Das Verständnis des Engels ist höher als das des Menschen. Daher erkennt es die Dinge direkt, ohne sie vorher intelligibel machen zu müssen, wie der Mensch. Folglich nehmen getrennte Substanzen keine Kenntnis vom Sinnlichen.

4-Die Art des Verstehens eines Seienden steht im Verhältnis zur Art seiner Substanz und Natur. Da der Engel eine rein intellektuelle Substanz ohne Körper ist, wird seine Art zu verstehen auf dem Intelligiblen beruhen, das nicht auf dem Körper basiert. *Und so kann er das Intelligible, das aus dem Sinnlichen stammt, nicht verstehen, da es auf Bildern* (phantasmata) *beruht, die sich in körperlichen Organen befinden.* Folglich nehmen getrennte Substanzen keine Kenntnis vom Sinnlichen.

5-Das Geringste in der Ordnung der sinnlichen Substanzen (zusammengesetzt oder körperlich) ist die Urmaterie in Potenz für jede sinnliche Form. Das Geringste in der Ordnung der getrennten Substanzen (einfach oder körperlos) ist der intellectus possibilis in Potenz für alles Intelligible. Was in der sinnlichen oder körperlichen Ordnung über der Urmaterie liegt, hat aktuell seine Form, durch die es zu einem sinnlichen Seienden wird. Was in der Ordnung der getrennten oder körperlosen Substanzen über dem *intellectus possibilis* liegt, hat aktuell seine Form, durch die es zu einem intelligiblen Seienden wird. Was über dem *intellectus possibilis* liegt, sind die getrennten Substanzen (Engel und menschliche Seele). Die sinnlichen Seienden haben das intelligible Sein in Potenz: Ihr Wissen über die Wesen ist potenziell. Die getrennten Substanzen haben das intelligible Sein in Akt, weil sie es nicht von den Sinnen, sondern direkt vom Verständnis nehmen: Ihr Wissen über die Substanzen ist aktuell. Folglich nehmen getrennte Substanzen keine Kenntnis vom Sinnlichen.

Kapitel 97. Das Verständnis der getrennten Substanz versteht immer aktuell

1-Was manchmal in Akt ist und manchmal in Potenz, wird durch die Zeit gemessen. Das Verständnis des Engels steht über der Zeit, die die körperlichen Substanzen regiert. Folglich versteht der Engel immer aktuell.

2-Jede lebendige Substanz entwickelt natürliche Lebensoperationen in Akt, auch wenn sie auch einige in Potenz hat. Ein Beispiel für letzteres ist bei Tieren die Ernährung und nicht immer die Empfindung. Die Engel sind lebendige Substanzen, die keine andere Operation außer dem Verstehen haben. Folglich verstehen die Engel aufgrund ihrer Natur immer aktuell.

3-Die eigene Operation des Engels ist das Verstehen oder Erkennen. Von Natur aus ist es eine kontinuierliche Operation und daher immer aktuell. Und wir können dies behaupten, weil niedere Seiende in Perfektion unter dem Engel auch kontinuierlich operieren. Zum Beispiel bewegen sich die Sterne kontinuierlich. Folglich (...) sind sie (die Engel) edler als (die Sterne); denn wenn die eigene Operation der Sterne, nämlich die Bewegung, kontinuierlich ist, umso mehr muss das Verstehen, die eigene Operation (der Engel), kontinuierlich sein. Folglich verstehen die Engel aufgrund ihrer Natur immer aktuell.

4-Jedes Seiende, das wirkt und nicht wirkt, bewegt sich wesentlich oder akzidentell. Aber die Engel bewegen sich nicht substanziell, weil sie keine Körper haben; noch akzidentell, weil sie mit keinem Körper verbunden sind, wie die Seele. Folglich ist die eigene Operation des Engels, das Verstehen, kontinuierlich und ununterbrochen.

Kapitel 98. Wie eine getrennte Substanz die andere getrennte Substanz versteht

1-Die getrennten Substanzen (der Engel und die menschliche Seele) verstehen das Intelligible von selbst. Von Natur aus sind sie selbst intelligibel. Folglich versteht eine getrennte Substanz eine andere wie ein eigenes Objekt, da die Materie fehlt, um an sich selbst intelligibel zu sein, indem sie sich selbst und die anderen versteht.

2-Die getrennten Substanzen, die von Natur aus in Akt intelligible Seiende sind, erkennen sich selbst durch ihre Wesen und nicht durch resultierende intelligible Spezies.

3-Was das Wissen betrifft, das eine getrennte Substanz von einer anderen hat, erkennt sie sich nicht in ihrer spezifischen Essenz, sondern nur in ihrer gemeinsamen, allgemeinen Essenz. Der Grund dafür ist die Ähnlichkeit oder Verwandtschaft zwischen den getrennten Substanzen. Sankt Thomas lehnt es ab, dass sie sich gegenseitig erkennen, weil sie miteinander verbunden sind wie Ursache und Wirkung: *Aber das kann nicht sein, weil keine getrennte Substanz Ursache einer anderen ist, da gezeigt wurde, dass sie nicht aus Materie und Form zusammengesetzt sind; und so werden sie nur durch Schöpfung verursacht, und Schöpfung ist ausschließlich Gottes.*

4-Die getrennten Substanzen erkennen Gott als ihre Ursache, die In Sich die Ähnlichkeit aller hat.

5-Zusammenfassend: Nur Gott kennt alles durch seine Essenz; die getrennten Substanzen kennen aufgrund ihrer Natur und nur mit perfektem Wissen ihre Art; und der Mensch (*intellectus possibilis*-Seele) durch intelligible Spezies gemäß dem Schema: Sinne-*phantasmata*-Verständnis=Intelligible Spezies.

Kapitel 99. Die getrennten Substanzen kennen das Materielle

1-Die getrennten Substanzen erkennen die körperlichen Substanzen durch angeborene intelligible Spezies.

2-Der Verstand des Engels ist vollkommen in natürlicher Vollkommenheit, denn er ist völlig im Akt. Dieses Wissen umfasst das körperliche Seiende, das er in seiner Universalität erkennt, das heißt, in den verschiedenen Arten von körperlichen Seienden.

3-Wenn sich die Arten von körperlichen Seienden wie die Arten von Zahlen unterscheiden, muss das Niedere irgendwie in das Höhere eingeschlossen sein, wie die größere Zahl die kleinere enthält. *Nun sind die getrennten Substanzen über den körperlichen; daher ist alles, was in diesen materiell ist, auf intellektuelle Weise in jenen (...).*

Kapitel 100. Die getrennten Substanzen kennen das Einzelne

1-Die Spezies von Seienden sind im Verstand der getrennten Substanz universeller als in unserem Verstand. Sie haben auch mehr Effektivität, um diese Spezies zu erkennen. Daher kennen die getrennten Substanzen das Materielle sowohl in seiner Gattungs- als auch in seiner spezifischen Differenz- oder Einzelindividuen-Eigenschaft. Sie kennen also das Universelle und das Einzelne.

2-Was eine niedrigere Kraft kann, kann auch eine höhere, aber auf vollkommenerem Weg. *Daher, wenn das Überlegene viele benötigt, handelt es mit einem einzigen, denn je höher es ist, desto mehr sammelt es sich und gibt Einheit, während das Niedrigere sich teilt und multipliziert (...).* Die menschliche Seele ist von einem niedrigeren Rang als die des Engels. Die menschliche Seele erkennt das Universelle und Einzelne durch die Sinne und den Verstand. Der Engel hingegen, von höherem Rang, erkennt auf vollkommenerem Weg, nur durch den Verstand.

3-Die Spezies der Dinge gelangen zu unserem Verständnis und dem der getrennten Substanz in umgekehrter Reihenfolge. Beim Menschen kommen sie durch Auflösung. Beim Engel kommen sie durch Zusammensetzung. Beim Menschen durch Abstraktion der materiellen und individuellen Bedingungen. Beim Engel durch Ähnlichkeit mit der ersten Spezies des göttlichen Verstandes. Daher sind Engel nicht vom Wissen der Einzelnen ausgeschlossen.

Kapitel 101. Ob getrennte Substanzen alles gleichzeitig mit natürlichem Wissen kennen

1-Nicht alles, dessen aktuelle intelligible Spezies im Verstand ist, wird in Akt und Wahrheit verstanden.

2-Der Engel, der bereits die intelligiblen Spezies besitzt, kann sie aktuell verstehen oder nicht. Er kann nur eine einzige Art aktuell intelligibel machen oder nicht.

3-Der Engel *kennt durch viele Spezies, versteht diejenige, die er will, und durch sie kennt er gleichzeitig alles, was er durch sie kennen kann; denn alles ist ein einziges Intelligibel, wenn es als eins erkannt wird (...).*

4-Was er jedoch durch verschiedene Spezies kennt, erkennt er nicht gleichzeitig, sondern nacheinander: *Und so wie der Verstand einzigartig ist, so ist auch das Aktuell verstandene einzigartig.*

5-Im Gegensatz dazu kennt der göttliche Verstand durch *seine Essenz alles, und mit seiner Handlung, die seine Essenz ist, kennt er alles auf einmal,* ohne jede Suksession.

9. DAS WISSEN IN DEN ENGELN: ZUSAMMENFASSUNG (3)

Die Engel sind die erschaffenen Seiende, die Gott am ähnlichsten sind. Alles, was in den körperlichen Seiende existiert, existiert in den Engeln einfacher und immaterieller als in ihnen, aber weniger einfach und unvollkommener als in Gott.

Die Menschen erkennen durch die Sinne des Körpers. In ihnen beginnt der Prozess, der die Bilder *(phantasmata)* konfiguriert und es dem Verstand ermöglicht, durch Abstraktion die Wesenheit der Seienden zu erfassen. Die resultierenden intelligiblen Spezies sind also weder angeboren noch von Natur aus dem Menschen eigen.

Als einfache, rein intellektuelle Substanzen fehlen den Engeln die Sinne. Sie erkennen alles durch ihren Verstand. Anders als der Mensch erkennen sie nicht durch diskursive Prozesse oder durch Zusammensetzung und Teilung.

Der Engel hat die intelligiblen Spezies auf natürliche Weise inne. Sie wurden nicht wie bei uns zuvor entwickelt. Sie erkennen das Intelligible auf natürliche Weise. Die angelischen intelligiblen Spezies sind Abbilder der göttlichen Essenz. Gott hat sie direkt mit diesen ausgestattet, da die Engelsubstanz an sich intelligibel ist. Es ist nicht angemessen, zwischen *intellectus possibilis* und *intellectus agens* bei Engeln zu unterscheiden. Man kann sagen: Alles ist im Verständnis des Engels durch ihre angeborenen, göttlich gegebenen intelligiblen Spezies.

Im Gegensatz zum Menschen nehmen Engel ihr Wissen nicht durch sinnliche Wahrnehmung, sondern durch ihre angeborenen intelligiblen Spezies auf. Dies zeigt ihre große intellektuelle Kraft im Vergleich zum Menschen. Tatsächlich ist das menschliche Verständnis das geringste unter den intellektuellen Substanzen. Dies wird besonders deutlich, wenn man bedenkt, dass der Mensch sein Wissen aus den Sinnen schöpft und es durch seinen Verstand intelligibel machen muss, während der Engel die Dinge direkt durch seinen Verstand kennt, ohne sie vorher intelligibel machen zu müssen. Daher ist es nicht angebracht, zwischen *intellectus possibilis* und *intellectus agens* bei Engeln zu unterscheiden, wie wir es beim Menschen tun.

Der Verstand des Engels steht über der Zeit, die die körperlichen Substanzen regiert. Was manchmal in Akt und manchmal in Potenz ist, wird durch die Zeit gemessen. Daher versteht der Engel immer in Akt. Dies bedeutet, dass die intelligiblen Spezies der Dinge im Engel immer in Akt sind. Immer. Sie sind nie potenziell zu erwerben, wie beim Menschen. Aber sie sind potenziell zu aktualisieren. Das heißt, dass der Engel Johann erkennen kann, weil er dessen intelligible Spezie hat, aber das bedeutet nicht, dass er ihn in diesem Moment kennt. Seine Spezies ist immer in Akt, weil er sie nicht erwerben muss, aber die Operation, die damit verbunden ist, kann entweder in Akt oder in Potenz zur Durchführung stehen.

Obwohl der Engel wie Gott nur Form ist und in Vollkommenheiten dem Menschen überlegen ist, ist das Erkennen oder Verstehen nicht seine Substanz, Essenz oder Existenz.

Ein Engel ist einem anderen überlegen, je näher er Gott ist und je ähnlicher er Ihm ist. Je höher in der Hierarchie der Engel, desto weniger Spezies kennt er und desto schneller versteht er das Universelle.

Obwohl ihre intellektuelle Kraft sehr mächtig ist, können Engel nicht alle Dinge an sich selbst kennen, das heißt, in ihren Wesenheiten. Nur Gott kann alles in sich selbst kennen. Die Engel können alles im Allgemeinen kennen, aber nicht alles in sich selbst.

Zunächst muss gesagt werden, dass Engel als in Akt intelligible Seiende sich aufgrund ihres Wissens um ihre eigenen Wesenheiten auf natürliche Weise kennen, nicht durch resultierende intelligible Spezies. Der Engel ist als immaterielle Form für sich selbst beständig und von Natur aus intelligibel. Daher versteht er sich selbst durch seine Form, die seine Substanz ist.

Außerdem kennt ein Engel den anderen nicht in sich selbst, in seinem eigenen spezifischen Wesen, sondern nur in ihrem gemeinsamen generischen Engelswesen. Der eine kennt den anderen insofern, als sie in der Art der Engel verwandt sind. Zwischen ihnen besteht eine Wesensähnlichkeit, ohne Kausalität. Es gibt keine Ursache-Wirkung-Beziehung zwischen den Engeln. Sie sind alle Wirkungen des Schöpfers-Gottes. Der Unterschied zwischen den Engeln besteht nur in ihrem unterschiedlichen Grad der Vollkommenheit. Ein Engel kennt den anderen durch die Ähnlichkeit in der Art der Engel. Und sie kennen einander durch die intelligiblen Spezies, die Gott in den Verstand eines jeden von ihnen gelegt hat.

Die Engel kennen Gott, wie die Wirkung ihre Ursache kennt. Gott kennt sie als seine eigene Ursache, die in sich selbst das Ebenbild aller Engelsarten hat.

Die Engel kennen das Materielle durch die angeborenen intelligiblen Spezies. Ihr Verständnis umfasst das körperliche Seiende, das sie in seiner Allgemeinheit erkennen, das heißt, in den verschiedenen Arten von körperlichen Seiende. Sie erkennen das körperliche Seiende als universell und erkennen jedes einzelne körperliche Seiende im Besonderen.

Die connaturalen intelligiblen Spezies, durch die der Engel kennt, sind Abbilder, die von der göttlichen Essenz abgeleitet sind. In Gott existiert alles -sowohl das körperliche als auch das unkörperliche, sowohl die einfachen als auch die zusammengesetzten Substanzen- als in seiner Ursache. In der göttlichen Essenz finden wir die Abbilder aller Seienden sowohl in Form als auch in Materie. Dies ist ein weiterer Grund, der es uns ermöglicht zu sagen, dass der Engel das Besondere der Dinge kennt und nicht nur das Universelle.

Der Engel kennt daher die materiellen Dinge aufgrund der intelligiblen Spezies, die er von ihnen in seinem Verstand hat. Die körperlichen Seiende sind im Verständnis des Engels nicht nach ihrem realen Sein, sondern auf die Weise, wie das Verstandene im Verstehenden ist.

Die Engel kennen nicht die Zukunft, sondern nur ihre Ursachen, so wie es der Mensch auch tut. Es könnte angenommen werden, dass der Verstand des Engels über der Zeit steht, die die körperlichen Bewegungen misst. Aber das ist nicht der Fall, denn im Engel gibt es Zeit, verstanden als Suksession. Da sie existiert, ist nicht alles, was in allen Zeiten geschieht, im Verstand des Engels präsent.

Die Engel kennen auch nicht die Gedanken des Menschen. Sie können sie durch ihre Wirkungen kennen, so wie wir es auch können, aber nicht durch das Eindringen in die Seele.

Sie können viele Dinge gleichzeitig kennen, solange diese Dinge derselben Spezies entsprechen, aber nicht, wenn sie verschiedene Spezies erfordern. *Viele Dinge als eines zu verstehen, ist in gewisser Weise, wie eines zu verstehen.* In diesem Sinne können wir sagen, dass sowohl der Engel als auch der Mensch viele Dinge gleichzeitig verstehen können.

10. DER WILLE DER ENGEL

Dem Verstand folgt –geht nicht voran– der Wille, der notwendig das begehrt, was ihm als ein sein Begehren allseits befriedigendes Gut vorgestellt wird, aber er wählt unter mehreren Gütern, die dem wandelbaren Urteil als erstrebenswert vorgelegt werden, frei aus. Demgemäß folgt die Auswahl dem letzten praktischen Urteil; welches aber das letzte ist, bewirkt der Wille. Thomistische These XXI.

I-In Engeln gibt es einen Willen (Vgl. *Summa Theologica* I, q.59 a.1)

Um diese Aussage zu beweisen, stellt Sankt Thomas die folgenden Gründe vor:

1-Alles geht vom göttlichen Willen aus, der nur das vollkommene Gut sucht, das heißt, Gott selbst. Daher nehmen alle Seienden am Sein des göttlichen Willens teil und streben als solche nach dem Gut aufgrund eines Appetits.

2-Die Tendenz zum Gut, die in allen Seienden beobachtet wird, hat verschiedene Arten.

3-Die erste Art: Es gibt Seiende, die nur aufgrund einer natürlichen Beziehung zum Gut neigen, aber ohne das Wissen über ihre eigenen Handlungen. Beispiel: Pflanzen und unbelebte Wesen. Sie werden zum Gut von einem anderen geführt. Diese Tendenz wird natürlicher Appetit genannt.

4-Die zweite Art: Es gibt Seiende, die aufgrund irgendeines Wissens zum Gut neigen, aber nicht, weil sie die eigentliche Ursache des Guten kennen, sondern weil sie irgendein spezifisches Gut kennen. Zum Beispiel: Irrationale Tiere. Und wir selbst, wenn wir zum Gut nicht von einem anderen, sondern von unseren eigenen Sinnen geleitet werden. Diese Tendenz wird sinnlicher Appetit genannt.

5-Die dritte Art: Es gibt Seiende, die aufgrund eines Wissens, das die eigentliche Ursache des Guten erfasst, zum Gut neigen. Sie streben demselben universalen Gut zu. Diese Tendenz wird Wille genannt.

6-Es ist offensichtlich, dass die erste Art ausgeschlossen ist, da die Engel Verstand haben und nicht dazu geleitet werden, ihre Handlungen auszuführen. Auch die zweite Art, da die Engel immaterielle Seiende sind, die keine Sinne haben. Daher entspricht die dritte Art. Tatsächlich erkennen die Engel durch ihren Verstand die universelle Ursache des Guten. Folglich gibt es in Engeln einen Willen.

Bevor er zu seiner These kommt, stellt Sankt Thomas drei Einwände gegen die Aussage auf: *die Engel haben einen Willen*. Es ist interessant, sie zu überprüfen, ebenso wie die Antworten, die der Aquinate darauf gibt.

1-Aristoteles lehrt, dass der Wille in der Vernunft liegt. Aber die Engel haben keine Vernunft. Sie besitzen eine überlegene Fakultät dazu. Daher gibt es in den Engeln keinen Willen.

Sankt Thomas antwortet darauf: Es ist wahr, dass den Engeln die Vernunft fehlt, da diese durch Komposition und Division handelt. Und der Verstand der Engel erkennt direkt, ohne diskursiven Prozess, Komposition oder Division.

Aber um den vorgebrachten Einwand zu lösen, ist es notwendig, zunächst zu betrachten, wie sich die Vernunft von den Sinnen unterscheidet und der Verstand von der Vernunft.

Die Vernunft hat ein anderes Objekt als die Sinne. Die Sinne haben das Besondere zum Objekt und die Vernunft das Allgemeine. Daher *ist der Appetit, der zum allgemeinen Gut der Vernunft tendiert, von demjenigen verschieden, der zum spezifischen Gut der Sinne tendiert.*

Die Vernunft hat eine andere Art des Erkennens als der Verstand. *Der Verstand erkennt auf einen Blick, während die Vernunft durch einen diskursiven Prozess, von einer Sache zur anderen, erkennt.* Dennoch erkennen die Vernunft und der Verstand dasselbe: das Allgemeine. *Daher ist das Objekt, das der appetitiven Fähigkeit vorgeschlagen wird, sowohl wenn es vom Verstand als auch von der Vernunft vorgeschlagen wird, dasselbe. Daher gibt es in den Engeln, die ausschließlich intellektuell sind, keinen Appetit über der Willen.*

2-Aristoteles lehrt, dass der Wille darauf abzielt, einen Appetit zu befriedigen. Dies ist für unvollkommene Seiende charakteristisch. Tatsächlich zielt jeder Appetit darauf ab, das zu erreichen, was er nicht hat. Da in Engeln keinerlei Unvollkommenheit vorhanden ist, gibt es also keinen Willen in ihnen.

Auf den Einwand antwortet Sankt Thomas: Der Einwand ist falsch, weil er nur die Bedeutung des Begriffs Appetit als das Bedürfnis, das zu befriedigen, was man nicht hat, betrachtet. Aber er bedeutet auch andere Dinge. Bis hierhin geht die Erklärung des Aquinaten. **Er sagt uns nicht, was diese anderen Dinge sind**. Aber wir werden anderswo sehen, was sie sind.

3-Aristoteles lehrt, dass *der Wille ein Beweger ist, der vom Objekt bewegt wird, das er durch den Verstand erfasst.* Aber da die Engel immateriell sind, sind sie unbeweglich. Daher gibt es in Engeln keinen Willen.

Zu dem, was Thomas von Aquin antwortet: Es wird gesagt, dass der Wille ein Beweger ist, der bewegt wird, insofern das Wollen eine gewisse Bewegung ist. *Es gibt keinen Einwand dagegen, dass er bei den Engeln existiert, da eine solche Bewegung ein Akt des Vollkommenen ist.*

In der *Summa contra Gentiles* Buch II, Kapitel 47, nennt auch der heilige Thomas andere Gründe, um zu zeigen, dass die Engel einen Willen haben. Nämlich:

1-In allen geschaffenen Seienden gibt es eine Tendenz oder einen Appetit zum Gut. Es wird natürlicher Appetit genannt in Bezug auf Seiende ohne

Verstand. Es wird sinnlicher oder tierischer Appetit genannt in Bezug auf Seiende mit sinnlicher Erkenntnis. Er kann in Begierde und Zorn unterteilt werden. Und es wird intellektueller, rationaler oder willentlicher Appetit genannt in Bezug auf Seiende mit Verstand. Daher haben die Engel einen Willen.

2-Das Seiende mit Willen ist Herr seiner eigenen Handlungen. Es bestimmt sich selbst in seinem Handeln, um sein Ziel zu erreichen. Es handelt nicht aus natürlichem Impuls. Seiende ohne Verstand, Pflanzen und Tiere, werden dazu getrieben, ihr natürliches Ziel zu erreichen. Daher haben die Engel einen Willen.

3-Jeder Agent handelt insofern, als er in Akt ist. Die Form, in der er sich im Akt befindet, ist das Prinzip aller seiner Operationen. Je nach der Form wird auch die Handlung sein, die dieser Form folgt. Wenn die Form nicht vom Agens abhängt, verursacht sie eine Handlung, für die das Agens nicht verantwortlich ist. Hängt die Form vom Agens ab, so ist das Agens Herr über seine Operationen. Die intellektuelle Substanz handelt durch die intellektuelle Form, sie hängt vom Verstand selbst ab, insofern er sie begreift und in gewissem Sinne die Idee, wie es bei der künstlerischen Form der Fall ist, die der Künstler begreift, über sie nachdenkt und durch sie handelt. Die Engel bestimmen sich selbst, um zu handeln, wie jemand, der Kontrolle über sein Handeln hat. Die Engel haben also einen Willen.

4-Der Akt muss in einem proportionalen Verhältnis zur Potenz stehen, und der Bewegende zum Beweglichen. Bei den Seienden mit Verstand ist die intellektuelle Potenz nicht auf etwas Bestimmtes festgelegt, sondern erstreckt sich auf alles. Sich auf alles zu erstrecken, ist dem Willen eigen, denn er umfasst, wie Aristoteles sagt, das Mögliche und das Unmögliche. Daher haben die Engel einen Willen.

II-In den Engeln ist der Wille nicht ihre Essenz und auch nicht ihr Verständnis (Vgl. *Summa Theologica* I, q.59 a.2)

1-In den Engeln ist der Wille eine Potenz, die sich von ihrer Essenz und ihrem Verständnis unterscheidet.

2-Der Wille des Engels ist nicht ihre Essenz. Der Wille tendiert nach außen von dem Seienden weg. Und alles, was sich nach außen von dem Seienden erstreckt, gehört nicht zu ihrer Essenz, sondern zu etwas Hinzugefügtem zur Essenz. *So ist die Neigung zum eigenen Ort auf das Gewicht oder die Schwerkraft zurückzuführen; und die Neigung, etwas Ähnliches zu erzeugen, auf die aktiven Eigenschaften.*

3-Der Wille tendiert natürlich zum Guten. Daher identifizieren sich Essenz und Wille nur dort, wo die Essenz des Seins, das sich danach sehnt, das gesamte begehrte Gute enthält. Und das geschieht bei Gott.

4-Auch das Verständnis des Engels ist nicht ihre Essenz. Das Wissen, wie der Wille, strebt nach außen. *Die Erkenntnis erfolgt dadurch, dass das Erkannte im Erkennenden ist.* Folglich erstreckt sich das Verständnis des Erkennenden auf das, was außerhalb von ihm liegt.

5-Verständnis und Wille sind zwei unterschiedliche Potenzen. Während das erste nach außen strebt, um darin alles zu erhalten, was außerhalb von ihm liegt (das Wissen), strebt das zweite nach außen, um etwas zu erhalten, was es begehrt und nicht hat. Es ist offensichtlich, dass sie nicht dasselbe sind.

6-Genau genommen würde es ausreichen, die Unterschiede zwischen Verständnis und Wille zu erklären, indem man feststellt, dass *sie sich nicht nach der materiellen Unterscheidung der Objekte unterscheiden, sondern nach der formalen Unterscheidung, die auf dem Grund des Guten und des Wahren beruht.*

7-Das Gute und das Wahre sind in Wirklichkeit dasselbe: zwei Transzendentalien des Seins. Das Gute wird vom Verständnis unter dem Aspekt des Wahren erfasst. Und das Wahre wird vom Willen unter dem

Aspekt des Guten begehrt. *Dennoch reicht die Verschiedenheit ihrer Gründe aus, um die jeweiligen Potenzen zu unterscheiden.*

8-Die angeführten Unterschiede gelten sowohl für den Engel als auch für den Menschen. Aber nicht für Gott, in dem ihr Verständnis und ihr Wille ihre Essenz sind.

III- In den Engeln gibt es den freien Willen (Vgl. *Summa Theologica* I, q.59 a.3)

1-Der freie Wille ist die Fähigkeit, durch die ein Seiendes frei urteilt.[15]

2-Es gibt Seiende, die von anderen bewegt handeln, *wie der Pfeil vom Bogenschützen angetrieben wird.* Sie haben überhaupt keinen freien Willen.

3-Es gibt Seiende, die aufgrund eines bestimmten Willens handeln. Dies ist bei den irrationalen Tieren der Fall. Zum Beispiel: *das Schaf (...) flieht vor dem Wolf aufgrund eines bestimmten Urteils, das es für schädlich hält. Aber dieses Urteil ist bei ihm nicht frei, sondern von der Natur gegeben.*

4-Es gibt Seiende, die mit freiem Willen handeln. Dies sind alle, die Verstand haben. Dies ermöglicht es ihnen, die universale Vernunft des Guten zu erkennen, durch die sie dies oder jenes als gut beurteilen können.

5-Wo also Verstand ist, da ist auch freier Wille.

6-Die Engel haben Verstand. Folglich gibt es bei ihnen freien Willen. Und bei ihnen ist erhabener als bei den Menschen, da ihr Verstand erhabener ist.

7-Die Freiheit, als Abwesenheit von Zwang, kennt keine Grade. Dennoch muss gesagt werden, dass der freie Wille bei den höheren Engeln einen würdigeren Zustand hat als bei den niedrigeren, ebenso wie das Urteil ihres Verstandes. Dies ist offensichtlich, wenn man die größere Würde der höheren Engel betrachtet, die Gott näher und ihm ähnlicher sind.

IV-In den Engeln gibt es weder das Begehrliche noch das Zornige (Vgl. *Summa Theologica* I, q.59 a.4)

1-Als Leidenschaften werden die Bewegungen bezeichnet, die im sinnlichen Appetit entstehen. Es sind Akte des sinnlichen Appetits. Das Seiende strebt nach dem, was von den Sinnen als gut wahrgenommen wird.

2-Der sinnliche Appetit teilt sich in das Begehrliche und das Zornige.

3-Das Begehrliche drückt die Neigung des Seienden zu den sinnlichen Dingen aus, die durch die Sinne wahrgenommen werden.

4-Das Zornige drückt die Neigung des Seienden aus, gegen jene Hindernisse zu kämpfen, die den Besitz des begehrten Dings erschweren.

5-*(...) Im Begehrlichen gibt es drei Kombinationen von Leidenschaften: nämlich Liebe und Hass, Verlangen und Flucht, Freude und Traurigkeit. Ebenso gibt es drei im Zornigen: nämlich Hoffnung und Verzweiflung, Furcht und Kühnheit, und Zorn, dem keine Leidenschaft entgegensteht. Es gibt also elf verschiedene Arten von Leidenschaften: sechs im Begehrlichen und fünf im Zornigen, unter denen alle Leidenschaften des Seienden fallen.*[16]

6-Bei den Engeln gibt es einen intellektuellen Appetit. Sie haben keinen sinnlichen Appetit. Daher kann man weder von Leidenschaften noch von einer Unterteilung in Begehrliches und Zorniges sprechen.

7-Der intellektuelle Appetit der Engel (wie der der Menschen) bleibt ungeteilt und wird Wille genannt.

V-In den Engeln gibt es natürliche Liebe (Vgl. *Summa Theologica* I, q.60 a.1)

1-Liebe ist das Wohlgefallen des Appetits am Guten.

2-Natürliche Liebe ist diejenige, die der Natur des jeweiligen Seienden entspricht. Es ist die Neigung zum Guten, die alle Seienden haben, ob sie Verstand besitzen oder nicht.

(...) Die natürliche Liebe ist nichts anderes als die Neigung der Natur, eine Neigung, die von ihrem Schöpfer eingeflößt wurde.

3-Der Engel ist eine getrennte, rein intellektuelle Substanz. Dies ist seine Art zu sein. Sankt Thomas betrachtet es als **notwendig**, dass gemäß dieser intellektuellen Natur die natürliche Liebe im Willen des Engels vorhanden ist.

Es ist gemeinsam für jede Natur, eine gewisse Neigung zu haben, die der natürliche Appetit oder die Liebe ist. Diese Neigung findet sich jedoch nicht auf dieselbe Weise in allen Naturen, sondern in jeder gemäß ihrer eigenen Art zu sein.

VI-In den Engeln gibt es wahlweise Liebe (Vgl. *Summa Theologica* I, q.60 a.2)

1-In den Engeln gibt es eine natürliche und eine wahlweise Liebe.

2-Die natürliche Liebe ist das Prinzip der wahlweisen Liebe. Die natürliche Liebe hat das Ziel, das angestrebte Gut.

3-Wahlweise Liebe ist jede Liebe, die sich auf ein Gut bezieht, das aufgrund des Ziels geliebt wird. Die wahlweise Liebe hat das Ziel, die Mittel, durch die das angestrebte Gut erreicht werden soll.

4-Die Liebe will natürlich das Ziel, das angestrebte Gut. Jede Liebe, die aus dieser hervorgeht und sich auf ein Gut bezieht, das aufgrund des Ziels geliebt wird, ist wahlweise Liebe.

5-Es betrifft die Engelvollkommenheit nicht, dass ein Engel natürlich eine Sache als Ziel will; und durch Wahl eine andere Sache will, die dem Ziel untergeordnet ist.

VII-Der Engel liebt sich selbst mit natürlicher und wahlweiser Liebe (Vgl. *Summa Theologica* I, q.60 a.3)

1-Wir haben bereits klargestellt, dass die Liebe das Gut zum Objekt hat. Dieses kann in der Substanz oder im Akzidens liegen.

2-Daher kann etwas auf zwei Arten geliebt werden: als subsistierendes Gut oder als akzidentelles und inhärentes Gut.

3-Etwas wird als subsistierendes Gut geliebt, wenn es so geliebt wird, dass sein Wohl gewünscht wird. Dies wird Freundschaft genannt.

4-Etwas wird als akzidentelles oder inhärentes Gut geliebt, wenn es so geliebt wird, dass das, was für einen anderen gewünscht wird, nicht dafür gewünscht wird, gut zu sein, sondern um es zu besitzen. Dies wird Begierde genannt.

5-Seiende ohne Verstand streben auf natürliche Weise (natürlicher Appetit) nach dem, was für sie selbst gut ist. Sie werden von der Natur dazu gedrängt, ihr eigenes Ziel zu erreichen.

6-Seiende mit Verstand, nämlich der Mensch und der Engel, streben auf natürliche Weise (natürlicher Appetit) nach ihrem eigenen Wohl und ihrer eigenen Vollkommenheit. Darin besteht die Selbstliebe.

7-Also lieben sowohl der Mensch als auch der Engel sich selbst auf natürliche Weise, indem sie danach streben, für sich selbst etwas Gutes zu wollen. Dies wird als natürliche Liebe bezeichnet.

8-Daher lieben sowohl der Mensch als auch der Engel sich selbst, indem sie durch Wahl das Gute für sich selbst wollen. Das heißt: indem sie die

Mittel wählen, um das Gut zu erreichen, das ihr Ziel ist, wählen sie wahlweise Liebe. Dies wird als wahlweise Liebe bezeichnet.

VIII- Der Engel liebt einen anderen mit natürlicher Liebe, wie er sich selbst liebt (Vgl. *Summa Theologica* I, q.60 a.4)

1-Es wurde im vorherigen Punkt deutlich, dass der Engel und der Mensch sich von Natur aus selbst lieben.

2-*Was eins mit einem Sein ist, ist dieses Sein.* Daher *liebt jedes Sein das, was eins mit ihm ist.*

3-Wenn es auf natürliche Weise eins mit ihm verbunden ist, liebt es es mit natürlicher Liebe. Zum Beispiel: Der Mensch *liebt einen Verwandten mit natürlicher Liebe, weil er mit ihm im Prinzip der natürlichen Zeugung eins ist.*

4-Wenn es auf nicht natürliche Weise eins mit ihm verbunden ist, liebt es es mit nicht natürlicher Liebe. Zum Beispiel: Der Mensch *liebt seinen Mitbürger mit sozialer Liebe.*

5-Jedes Seiende liebt seine eigene Art. Daher liebt es mit natürlicher Liebe, was in seiner Art mit ihm eins ist.

6-Folglich *liebt ein Engel einen anderen mit natürlicher Liebe, weil er mit ihm in derselben Natur übereinstimmt.* Und er liebt ihn mit nicht natürlicher Liebe, *insofern er mit ihm übereinstimmt oder auch insofern er sich in einigen anderen Dingen unterscheidet.*

IX-Der Engel liebt Gott mehr als sich selbst mit natürlicher Liebe (Vgl. *Summa Theologica* I, q.60 a.5)

1-Die natürliche Neigung zum Guten (natürlicher Appetit=natürliche Liebe), die bei Seienden ohne Verstand zu beobachten ist, zeigt die natürliche Neigung zum Guten (natürlicher Appetit=natürliche Liebe), die bei Seienden mit Verstand besteht.

2-Seiende, *deren Sein von Natur aus einem anderen gehört, neigen eher und mehr zu einem anderen als zu sich selbst. (...) Tatsächlich sehen wir, dass ein Teil sich ohne Überlegung der Gefahr aussetzt, um das Ganze zu bewahren. Zum Beispiel: Die Hand setzt sich ohne Überlegung der Verletzungsgefahr aus, um den ganzen Körper zu bewahren.*

3-*Diese Neigung ist auch beim Menschen und seinen sozialen Beziehungen zu beobachten. So ist es das Eigene des tugendhaften Bürgers, sich der Todesgefahr auszusetzen, um den ganzen Staat zu bewahren. Und wenn der Mensch ein natürlicher Teil seiner Stadt wäre, wäre diese Neigung natürlich.*

4-Das universelle Gut aller Seienden ist Gott, dem sie ihr Sein verdanken, die Ordnung, die ihnen ihre eigene Entwicklung ermöglicht, und die Aufrechterhaltung ihrer Existenz (Zweiter, Dritter und Fünfter Weg). Deshalb können wir sagen, dass alle Seienden von Natur aus zu Gott gehören.

5-Folglich liebt der Engel mit natürlicher Liebe Gott eher und mehr als sich selbst.

(...) *Gott ist nicht nur das Gut einer Art, sondern das universelle und absolute Gut selbst. Daher liebt jede Existenz, jede Sache auf ihre Weise, von Natur aus Gott mehr als sich selbst.*

(...) *Es wäre nicht in der Natur eines Seienden, Gott zu lieben, wenn es nicht vom Gut abhängig wäre, das Gott ist.*

11. DIE ENGEL UND DIE GÖTTLICHE VORSEHUNG

Bevor wir uns dem Thema zuwenden, und um es besser zu verstehen, ist es notwendig, einige Konzepte in Bezug auf die Göttliche Vorsehung aufzufrischen. Diese haben wir ausführlich in unserer *Einführung in die Thomistische Metaphysik IX* entwickelt, und wir reproduzieren sie hier:

1-Vorsehung im Allgemeinen ist die Anordnung der notwendigen Mittel, damit die Seienden ihre Ziele erreichen.

2-Die Vorsehung umfasst sowohl den Akt des Verstandes, der die Eignung der Mittel für die jeweiligen Ziele erkennt, als auch den Akt des Willens, der diese Mittel wählt.

3-In Gott gibt es Vorsehung. Gott lenkt und leitet alle Dinge zu ihren eigenen oder besonderen Zielen und gleichzeitig zu einem allgemeinen Ziel.

4-Die Vorsehung ist mit der Klugheit verbunden, einer Tugend, die die Mittel für die zu erreichenden Ziele ordnet und die Bedürfnisse voraussieht, um ihnen zu entsprechen. Aus der menschlichen Klugheit heraus erhalten wir das analoge Konzept der Göttlichen Vorsehung.

5-Die Ausführung des göttlichen vorsehbaren Plans wird als Regierung bezeichnet. Gott regiert. Um zu regieren, bedient sich Gott einiger Mittel. Er regiert die unteren Dinge durch die höheren. Dies geschieht nicht aufgrund eines Mangels an seiner Macht, sondern aufgrund seiner Güte, die den Geschöpfen die Würde der Kausalität verleiht.

6-Was die Konzeption und Planung seiner Vorsehung betrifft, so ordnet Gott dies selbst an. Seine Vorsehung ist unmittelbar. Doch was die Ausführung betrifft, das heißt, was wir die Regierung Gottes nennen, so ist seine Vorsehung im Allgemeinen mittelbar. Er bedient sich größtenteils der geschaffenen Seienden. Er handelt durch sekundäre Ursachen, ob diese nah oder fern sind usw.

7-Gott regiert die Welt durch Naturgesetze, die wir allgemeine Gesetze, kosmische Gesetze und besser göttliche ordentliche Gesetze nennen. Diese Gesetze drücken den Plan der göttlichen Regierung für die Welt aus, sodass die spezifischen physikalischen Gesetze als Anwendungen und Ableitungen dieser kosmischen oder vorsehbaren Gesetze betrachtet werden können.

Sankt Thomas betrachtet die Engel als die universellen Vollstrecker der Göttlichen Vorsehung.

Er wird dies in der *Summa contra Gentiles* durch verschiedene Argumente beweisen. So lehrt er beispielsweise im Buch III, Kapitel 78, dass **Gott durch die *intellektuellen Seienden* (Engel und Menschen) alle anderen lenkt**:

1-Die Erhaltung der Ordnung im Universum liegt in der göttlichen Vorsehung. Um bis zum Kleinsten zu gelangen und dabei ein gewisses Maß an Proportion zu wahren, hat er festgelegt, dass vom Ordnung des Höchsten allmählich zum Ordnung des Niedrigsten übergegangen wird. Die erwähnte Proportion besteht darin, dass ebenso wie die höchsten Geschöpfe unmittelbar Gott unterstehen und von Ihm selbst regiert werden, auch die niedrigeren von ihren Höheren unterworfen und regiert werden. Die höheren Geschöpfe sind die Intellektuellen. Folglich verlangt die göttliche Vorsehung, dass durch die vernünftigen Geschöpfe alle anderen regiert werden.

2-Alle Geschöpfe nehmen an der Göttlichen Vorsehung teil. Einige mehr, andere weniger. Diejenigen, die am meisten an der Tugend der Göttlichen Vorsehung teilhaben, führen diese in denjenigen aus, die weniger daran teilhaben. Es ist offensichtlich, dass die intellektuellen Seienden mehr daran teilhaben als die anderen. Dies liegt daran, dass sie die beiden Voraussetzungen der Vorsehung besitzen: 1-Die Anordnung der Ordnung, die durch die kognitive Tugend erfolgt. 2-Die Durchführung der Anordnung, die durch die operative Tugend erfolgt. Der Rest der Seienden besitzt nur letztere. Folglich regieren unter der Göttlichen Vorsehung die vernünftigen Geschöpfe die anderen.

3-Wenn Gott einem Seienden eine Fähigkeit verleiht, verleiht er ihm auch das, was es braucht, um den daraus resultierenden Effekt zu erreichen. Die intellektuelle Fähigkeit ist von Natur aus ordnend und leitend. Die operative Fähigkeit folgt dem, was die intellektuelle Fähigkeit anordnet. Folglich erfordert das Konzept der Göttlichen Vorsehung, dass die vernünftigen Geschöpfe die anderen regieren.

4-Die spezifischen Fähigkeiten sind von Natur aus darauf ausgelegt, von den universellen Fähigkeiten bewegt zu werden. Die intellektuelle Fähigkeit ist universeller als die operative Fähigkeit. Dies liegt daran, dass sie die universellen Formen enthält, während die operative nur die eigene Form des Handelnden enthält. Folglich ist es notwendig, dass die intellektuellen Geschöpfe die anderen bewegen und regieren.

5-Die Fähigkeit des Seienden, das das Ziel kennt, ist die Führungsfähigkeit der Fähigkeit, die es nicht kennt. So wird das Werkzeug, das das Ziel nicht kennt, einfach von dem geführt, der es kennt. Da nur die intellektuellen Wesen die Zwecke der Ordnung der Geschöpfe kennen, liegt es an ihnen, die anderen zu regieren und zu lenken.

6-Die intellektuellen Seienden handeln von sich aus. Die anderen handeln aufgrund einer äußeren Bewegung. Erstere handeln aus freiem Willen. Letztere handeln aus natürlicher Notwendigkeit. Daher bewegen und regieren die intellektuellen Seienden die anderen durch ihre eigene Handlung.

Kapitel 79. Die unteren intellektuellen Substanzen werden von den höheren regiert

In der *Summa contra Gentiles* Buch III, Kapitel 79 gibt Sankt Thomas die Gründe für eine gewisse Ordnung unter den intellektuellen Substanzen an:

1-Wir haben bereits gesagt, dass die universelleren Potenzen oder Fähigkeiten die spezifischeren bewegen. Nun, die höheren intellektuellen Naturen haben universellere Formen als die niedrigeren intellektuellen Naturen. So ist der Engel höher als die menschliche Seele. Folglich werden die unteren intellektuellen Substanzen von den höheren regiert.

2-Die Fähigkeit oder die intellektuelle Potenzen, die ihrem Prinzip näher ist, regiert die intellektuelle Potenzen, die am weitesten von ihm entfernt ist. Unter den intellektuellen Substanzen sind diejenigen, die Gott (den Ersten Grundsatz) am nächsten stehen, diejenigen, die die weiter entfernten von ihm regieren. Daher werden die unteren intellektuellen Substanzen von den höheren regiert.

3-Die höheren intellektuellen Substanzen, die Gott näher sind, sind von Natur aus darauf ausgerichtet, den Einfluss der Göttlichen Weisheit zu empfangen. Diese ordnet alles in Vorsehung. Daher müssen die intellektuellen Substanzen, die am meisten an der Göttlichen Weisheit teilhaben, diejenigen regieren, die weniger daran teilhaben. Folglich werden die unteren intellektuellen Substanzen von den höheren regiert.

4-*Sie werden daher als höhere Geister und Engel bezeichnet, weil sie die niedrigeren Geister leiten, indem sie ihnen etwas ankündigen, denn das Wort Engel bedeutet Bote und Diener, indem sie durch ihre Taten sogar in den materiellen Dingen die Ordnung der Göttlichen Vorsehung ausführen (...).*"

Kapitel 80. Von der Ordnung der Engel untereinander

In der *Summa contra Gentiles* Buch III, Kapitel 80 definiert Sankt Thomas die Engelsordnung:

1-Das geschaffene Universum ist ein geordnetes Ganzes.

2-Unter den materiellen Substanzen, die Teil des geschaffenen Universums sind, gibt es auch eine gewisse Ordnung.

3-Die materiellen Substanzen werden von den intellektuellen Substanzen regiert, wie im Kapitel 78 gesehen.

4-Folglich muss es, ebenso wie das Universum eine Ordnung ist und es eine Ordnung unter den materiellen Substanzen gibt, auch eine Ordnung unter den intellektuellen Substanzen geben.

5-Es ergibt sich schnell, dass gemäß den genannten Kriterien die höheren Körper von den höheren intellektuellen Substanzen und die niedrigeren von den niedrigeren regiert werden.

6- Die Kräfte oder Fähigkeiten der intellektuellen Substanz sind universeller als die der materiellen Substanz: *Tatsächlich besitzen die höheren intellektuellen Substanzen Kräfte, die von keiner körperlichen Kraft ausgeübt werden können (...)*. Deshalb sind diese Substanzen nicht an Körper gebunden.

7-Die niedrigeren intellektuellen Substanzen besitzen dagegen partielle, nicht universelle Potenzen oder Fähigkeiten, die von körperlichen Instrumenten ausgeübt werden können. Daher müssen sie an Körper gebunden sein. Dies ist bei der menschlichen Seele der Fall.

8-Die höheren intellektuellen Substanzen, die Gott näher sind als irgendein anderes geschaffenes Seiende, erhalten unmittelbar von ihm ein vollkommenes Verständnis der göttlichen Ordnung.

9-Die unteren intellektuellen Substanzen, die von Gott entfernter sind, einige mehr als andere, genießen nicht das vollkommene Wissen der Höheren. Dennoch haben sie ein gewisses Wissen von der Göttlichen Vorsehung: (...) *je niedriger sie sind, desto weniger detailliertes Wissen über die göttliche Ordnung erhalten sie, während das menschliche*

Verständnis, das den letzten Grad des natürlichen Wissens besitzt, nur von einigen universellsten Dingen Kenntnis hat.

12. DIE ENGELS HIERARCHIE

I-Alle Engel bilden eine einzige Hierarchie: die Engels-Hierarchie (Vgl. *Summa Theologica* **I, q.108)**

1-Hierarchie ist eine von Gott gewollte Ordnung.

2-Diejenigen, die die Ordnung bilden, haben Macht. Sie können andere regieren. Im Fall der Engel regieren die Übergeordneten die Unterlegenen; und diese wiederum die menschlichen Seelen.

3-Die Engels-Hierarchie ist die Ordnung der Engel nach ihrer Macht, gemäß dem göttlichen Wohlgefallen.

4-Deshalb sagt Thomas von Aquin, dass *Hierarchie dasselbe ist wie heilige Herrschaft*. Das heißt: *eine einheitlich geordnete Menge unter der Regierung eines Fürsten*. Der Fürst wäre der Engel und die Menge die ihm untergeordneten intellektuellen Substanzen.

5-Das Wesen der Hierarchie erfordert selbst unterschiedliche Ordnungen, die entsprechend der Vielfalt der Funktionen bestimmt sind. Wiederum wird die Vielfalt der Funktionen durch die Fähigkeit des Engels zu erkennen bestimmt. Und diese ist durch die ihm angeborenen intelligiblen Spezies bestimmt. Je weniger diese Spezies sind, desto ähnlicher ist der Engel Gott. Je mehr Spezies es gibt, desto weniger Hierarchie besitzt er.[17]

Diese Vielfalt der Ordnung entsteht aus der Vielfalt der Ämter und Handlungen, wie sie in einer Stadt erscheint, in der es verschiedene Ordnungen gibt, je nach den unterschiedlichen Handlungen; denn es gibt eine Ordnung für diejenigen, die richten, eine andere für diejenigen, die kämpfen, und eine weitere für diejenigen, die auf den Feldern arbeiten, und so weiter.[18]

6-Die Ordnungen können auf drei reduziert werden, da jede vollkommene Menge aus Anfang, Mitte und Ende besteht.

7-Jede Ordnung ist wiederum in Grade unterteilt. *All diese Vielfalt wird auf drei Grade reduziert: hoch, mittel und niedrig.*

8-So folgern wir aus dem Gesagten, dass *die Ordnung auf zwei Arten betrachtet werden kann: Durch die Ordnung selbst, die die verschiedenen Grade unter sich fasst, und in diesem Sinne gibt es nur eine Ordnung; oder durch jeden der Grade, und so heißt es, dass es verschiedene Ordnungen in einer Hierarchie gibt.*

9-Die Bezeichnung der verschiedenen Engel-Ordnungen bezieht sich auf ihre jeweiligen Eigenschaften.

10-*Wir kennen die Engel und ihre Aufgaben unvollkommen.* Deshalb unterscheiden wir nur allgemein ihre Aufgaben und Funktionen, sowie wir allgemein die Ordnungen beschreiben, zu denen sie gehören.

II-Wie ist die Engels-Hierarchie (Vgl. *Summa contra Gentiles* Buch III, Kapitel 80)

1-Die höheren intellektuellen Substanzen erhalten unmittelbar von Gott ein vollkommenes Verständnis der göttlichen Ordnung.

2-Unter den Engeln wird die Hierarchie gemäß der Art und Weise festgelegt, wie sie den Grund der göttlichen Vorsehung im selben letzten Ziel, der göttlichen Güte, erkennen.

3-Die vorhandene Ordnung unter den Engeln der höheren Hierarchie wird durch die größere oder geringere Klarheit bestimmt, mit der sie den Grund dieser Ordnung erkennen. Die ersten werden **Seraphim** genannt. Die zweiten werden **Cherubim** genannt. Die dritten werden **Throne** genannt.

4-Unterhalb dieser Ordnung befinden sich die mittleren Engel. Die höchsten von ihnen haben eine universellere Wissenskraft; deshalb kennen sie die Ordnung der Vorsehung in den allgemeinsten Prinzipien und

Ursachen. Die niedrigeren hingegen gewinnen ihr Wissen aus spezifischeren Ursachen. Zwischen den höchsten und den niedrigsten dieses mittleren Ordens befinden sich die mittleren Engel dieses mittleren Ordens. So unterscheiden wir **Herrschaften, Mächte** und **Gewalten** von größer bis kleiner.

5-Schließlich umfasst die letzte Ordnung, die niedrigste von allen, die Engel, die göttlich die Ordnung der göttlichen Vorsehung durch spezifische Ursachen kennen. Diese Engel sind unmittelbar über den Menschen. Wenn wir das Prinzip anwenden, dass höhere intellektuelle Substanzen über niedrigere herrschen, sind es die Engel dieser Ordnung, die über die menschlichen Seelen herrschen. So unterscheiden wir die **Fürsten, Erzengel** und **Engel.**

In einem Wort, die Überlegenheit der Engel wächst, je geringer die Anzahl der Spezies ist, die sie benötigen, um die Universalität der Intelligiblen zu erfassen. (...) Es ist möglich, drei Hauptgrade zu unterscheiden. Im ersten Grad finden wir die Engel, die die intelligiblen Essenzien erkennen, soweit sie vom ersten universalen Prinzip, Gott, ausgehen. Diese Art des Erkennens ist der ersten Hierarchie eigen, die unmittelbar neben Gott ist (...). Im zweiten Grad finden wir die Engel, die die Intelligiblen erkennen, soweit sie den allgemeinsten geschaffenen Ursachen unterworfen sind; und diese Art des Erkennens entspricht der zweiten Hierarchie. Schließlich befinden sich im dritten Grad die Engel, die die Intelligiblen als auf die einzelnen Seienden angewandt und als von spezifischen Ursachen abhängig erkennen; diese letzteren bilden die dritte Hierarchie.[19]

13. DIE ENGEL UND DER MENSCH

I-Die körperliche Kreatur wird von Engeln regiert (Vgl. *Summa Theologica* I, q.110 a.1)

1-Die besondere Macht wird von der universellen Macht regiert und geleitet. Höhere Engel haben ein universelleres Wissen als niedrigere.

2-Die Potenz eines jeden Körpers ist spezieller als die Substanz der Intellektuellen. Dies aus zwei Gründen: a-Die körperliche Substanz ist durch die Materie individualisiert. b-Die körperliche Substanz ist auf einen bestimmten Ort und eine bestimmte Zeit beschränkt. Intellektuelle Substanzen sind von diesen beiden Bedingungen befreit und zudem intelligibel.

3-Daher werden, ebenso wie niedrigere Engel, die weniger universelle Formen haben, von den höheren regiert, auch alle körperlichen Dinge von den Engeln regiert.

II-Die körperliche Materie gehorcht nicht dem Willen der Engel (Vgl. *Summa Theologica* I, q.110 a.2).

1-Ein Werk ähnelt dem, der es macht. Jeder Agent tut etwas Ähnliches wie sich selbst.

2-Das Sein, das die körperlichen Substanzen erzeugt, muss der Zusammensetzung ähnlich sein, die aus Materie und Form entsteht. Es muss ein Sein, das in sich selbst die Potenz hat, die Zusammensetzung zu erzeugen.

3-Daher kommt jeder Akt des Empfangens neuer Formen in der Materie entweder direkt von Gott oder direkt von einem körperlichen Agenten; aber es ist unmöglich, dass er direkt von einem Engel kommt, als Form ohne Materie und außerdem, im Gegensatz zu Gott, unfähig zu erschaffen.

III-Der Engel kann das Verständnis des Menschen erleuchten (Vgl. *Summa Theologica* I, q. 111 a.1)

1-Die Offenbarung der göttlichen Wahrheit wird als Erleuchtung bezeichnet.

2-Die Erleuchtung kann unter zwei Gesichtspunkten betrachtet werden. Im ersten Aspekt wird das untere Verständnis direkt durch die Aktion des oberen Verständnisses erleuchtet. Im zweiten Aspekt passt sich das obere Verständnis dem unteren an. Auf diese Weise kann das untere Verständnis die Erleuchtung des oberen Verständnisses entsprechend seiner eigenen intellektuellen Kapazität erhalten.

3-Gemäß der Ordnung der göttlichen Vorsehung sind niedere Seiende der Aktion höherer unterworfen.

4-Daher die niedrigeren Engel den höheren. Und der Mensch den Engeln. *Auch wenn nicht jeder, der von einem Engel erleuchtet wird, sich dessen bewusst ist.*

5-Von den beiden genannten Aspekten trifft der erste nicht auf den Menschen in Bezug auf den Engel zu. Es ist offensichtlich, dass der Mensch nicht direkt vom Engelsverstand erleuchtet werden kann, da er durch intelligible Spezies, die aus sinnlicher Erkenntnis gebildet sind, erkennt. Er hat keine Fähigkeit, Spezies in sich selbst als intelligible zu empfangen.

6-Folglich ist zu sagen, dass *Engel dem Menschen intelligible Wahrheiten unter dem Anschein sinnlicher Dinge vorschlagen.*

7-Dies ermöglicht es uns zu folgern, dass *die natürliche Vernunft (des Menschen), die direkt von Gott stammt, auf die oben genannte Weise durch den Engel gestärkt werden kann.*

IV-Der Engel kann den Willen des Menschen nicht ändern (Vgl. *Summa Theologica* I, q. 111 a.2)

1-Der Wille des Menschen kann auf zwei Arten bewegt werden.

2-Die erste Art bewegt den Willen von innen heraus. Nur Gott, der Ursprung des Willens, kann ihn so bewegen.

3-Die zweite Art liegt außerhalb des Willens. Es gibt zwei Möglichkeiten.

4-Die erste Möglichkeit: Sie bewegt den Willen durch etwas, das außerhalb des Willens liegt. Auch das kann der Engel nicht direkt tun, sondern nur durch Überzeugung. *Die Diener Gottes, seien es Engel oder Menschen, werden gesagt, die Laster zu konsumieren oder für die Tugend zu entzünden, durch Überzeugung.* Er kann den Menschen dazu neigen, indem er seinem Willen einige Güter vorlegt und ihn überzeugt. *Das Höchste, was er erreichen kann, ist, dass der Mensch durch das Verständnis etwas als gut empfindet, das vom Willen begehrt werden kann.*

5-Die zweite Möglichkeit: Der Engel bewegt den Willen des Menschen durch die Leidenschaft des sinnlichen Appetits. *Und auch so kann der Engel den Willen bewegen, indem er solche Leidenschaften anregt, ohne ihn jedoch jemals gewaltsam zu unterwerfen, da der Wille immer frei bleibt, der Leidenschaft zuzustimmen oder sich ihr zu widersetzen.*

V-Der Engel kann die Vorstellungskraft des Menschen ändern (Vgl. *Summa Theologica* I, q. 111 a.3)

1-Engel können mit ihrer natürlichen Kraft die Vorstellungskraft des Menschen anregen.

2-Sankt Thomas erklärt dies folgendermaßen: Die körperliche Natur unterliegt der Macht des Engels in Bezug auf die örtliche Bewegung. Dann fallen auch alle Dinge, die durch diese Bewegung entstehen können, unter die natürliche Macht der Engel.

3-Ein Beispiel: Engel können Träume erzeugen, während wir schlafen.

4-Die Vermischung des Engelgeistes mit der menschlichen Vorstellungskraft erfolgt nicht durch eine wesentliche Vereinigung, sondern durch die Wirkungen, die der Engel in der Vorstellungskraft hervorrufen kann, indem er Dinge vorschlägt, die er kennt; wenn auch nicht so, wie er sie kennt.

VI-Der Engel kann die Sinne des Menschen ändern (Vgl. *Summa Theologica* I, q. 111 a.4)

1-Die Sinne werden auf zwei Arten verändert.

2-Die erste Art, von außen. Dies geschieht, wenn sie durch den sinnlichen Gegenstand beeindruckt werden.

3-Die zweite Art, von innen. Zum Beispiel kann eine Krankheit unseren Geschmacks- oder Geruchssinn verändern.

4-Der Engel kann auf beide beschriebenen Arten die menschlichen Sinne durch seine Kräfte verändern.

ZUM ABSCHLUSS

1-Was ist der Ursprung der Engel?
Die Engel und alle anderen Seienden im Universum, die nicht Gott sind, wurden von Ihm gemacht.

2-Wie erklärt sich das?
Es ist unmöglich, dass ein Seiendes existiert, das nicht von Gott geschaffen wurde (Schöpfung). Es gibt drei Gründe, um diese Aussage zu begründen. <u>Der erste Grund</u>: Wenn etwas von vielen geteilt wird, muss seine Ursache einzigartig sein. Das Gemeinsame aller Seienden ist das Sein. Keines kann es sich selbst geben. Seine Ursache muss also einzigartig sein. Hier verweisen wir auf den Zweiten Weg. <u>Der zweite Grund</u>: Wenn etwas in vielen Seienden auf unterschiedliche Weise teilgenommen wird, muss es demjenigen, in dem es sich am vollkommensten befindet, übertragen werden, in dem es sich am unvollkommensten befindet. Diese Argumentation ist mit dem Vierten Weg verbunden. <u>Der dritte Grund</u>: Die Seienden partizipieren am Sein Gottes, das ihre eigene Essenz und Existenz ist. Er ist das subsistierende Sein; die Seienden existieren durch Teilnahme. Alles, was durch Teilnahme ist, hat seine Ursache in dem, was durch Wesen ist.

3-Wann wurden die Engel erschaffen?
Die Engel wurden von Gott in der Zeit erschaffen. Sie wurden nicht in der Ewigkeit erschaffen. Sankt Thomas lehnt diesen letzten Vorschlag ab. Wir schließen also daraus, dass die Engel zu einem bestimmten Zeitpunkt nicht existierten.

4-Wie wird das Gesagte gerechtfertigt?
Wie bei der Schöpfung der Welt kann die Aussage philosophisch nicht bewiesen werden, aber auch nicht das Gegenteil. Es ist eine Frage des Glaubens. Dennoch nennt Sankt Thomas einige gewichtige Gründe, die aus der Ablehnung derer resultieren, die die Schöpfung in der Ewigkeit behaupteten.

5-Wie viele Gründe gibt es?
In der *Summa Theologica* werden drei Gründe genannt.

6-Was besagt der erste Grund?
Das Sein Gottes ist auch sein Wollen. Gott hat alles frei geschaffen, nicht aus Notwendigkeit. Er schuf die Engel, weil er es wollte und folglich, wann er wollte. Er war nicht verpflichtet, dies seit der Ewigkeit zu tun.

7-Was besagt der zweite Grund?
Der Engel steht über der Zeit. Aber über der Zeit, die die Bewegungen der körperlichen Seiende misst. Er steht nicht über der Zeit, die die Abfolge des Seins und die Zeit, die die eigenen Handlungen der Engel misst. Daher existierte er nicht immer und wurde folglich nicht in der Ewigkeit erschaffen.

8-Was besagt der dritte Grund?
Die Engel, wie die Seelen, sind unvergänglich, da sie eine Natur haben, die fähig ist, die Wahrheit zu erfassen, die unvergänglich ist und folglich ewig ist. Aber daraus folgt nicht, dass sie diese Natur seit der Ewigkeit haben, sondern dass Gott sie ihnen frei gegeben hat, wann er wollte.

9-Wurde der Engel vor den körperlichen Substanzen erschaffen?
Nein, nach Meinung von Sankt Thomas. Er hält es für wahrscheinlich, dass sie gemeinsam mit den körperlichen Substanzen erschaffen wurden.

10-Wie rechtfertigt er seine Aussage?
Er betrachtet die Engel als Teil des Universums, das zusammen mit den anderen Seienden geschaffen wurde. Das heißt, sie bilden kein separates Universum. Da das Wohl des gesamten Universums in der Ordnung besteht, die die Seienden untereinander haben, ist kein Teil perfekt, wenn er vom Ganzen getrennt ist. Es kann also als sehr wahrscheinlich angenommen werden, dass Gott die Engel zusammen mit den körperlichen Seienden erschaffen hat.

11-Welche Art von Substanz ist der Engel?

Der Engel ist eine unverkörperte, rein intellektuelle Substanz. Die unverkörperte Substanz kann als eine Substanz definiert werden, die zwischen Gott und den körperlichen Geschöpfen liegt.

12-Ist der Engel ein Körper?
Nein, keine intellektuelle Substanz ist ein Körper.

13-Wie beweist das Sankt Thomas?
Er beweist es mit mehreren Gründen in der *Summa contra Gentiles* Buch II, Kapitel 49. Dazu gehören zwei: 1-Es ist unmöglich, dass sich zwei Körper gegenseitig enthalten, da der Behälter den Inhalt übersteigt, während sich zwei Verständnisse gegenseitig enthalten und verstehen, indem sie sich gegenseitig verstehen. Also ist die intellektuelle Substanz kein Körper. 2- Keine Handlung eines Körpers kehrt zum Handelnden zurück. Tatsächlich bewegt sich kein Körper von selbst, es sei denn teilweise, so dass ein Teil davon bewegt und der andere bewegt wird. Aber das Verständnis kehrt zu sich selbst zurück, da es nicht nur einen Teil von sich selbst versteht, sondern alles, was es ist. Also ist die intellektuelle Substanz kein Körper.

14-Ist der Engel aus Materie zusammengesetzt?
Nein, im Engel gibt es keine Materie. Es gibt keine Zusammensetzung von Materie und Form. Der Engel ist nur Form.

15-Welcher Grund liegt dieser Aussage zugrunde?
Gemäß dem Grundsatz, dass das Handeln dem Sein folgt, geschieht die Operation eines jeden Seienden entsprechend der Art seiner Substanz. Da die Aktivität des Verstehens eine vollständig immaterielle Operation ist, ist es unmöglich, dass die intellektuelle Substanz irgendeine Art von Materie hat.

16-Gibt es weitere Gründe neben dem genannten?
Ja, Sankt Thomas nennt mehrere Gründe in der *Summa contra Gentiles* Buch II, Kapitel 50.

17-Was sind diese Gründe?

Wir können zwei Gründe nennen: 1-Jedes Seiende, das aus Materie und Form zusammengesetzt ist, ist ein Körper. Die intellektuelle Substanz ist kein Körper. Daher besteht keine intellektuelle Substanz aus Materie und Form. 2-Die Materie empfängt die Form durch Bewegung oder Veränderung. Das Verständnis hingegen vervollkommnet sich in der Ruhe: Die Bewegung erschwert ihm das Handeln, das heißt, das Verstehen. Daher werden die Formen im Verständnis nicht wie in der Materie empfangen. Daher besteht keine intellektuelle Substanz aus Materie und Form.

18-Ist der Engel reiner Akt?

Nein, der Engel ist eine Zusammensetzung aus Akt und Potenz. Nur Gott ist reiner Akt.

19-Wie ist dies möglich, da er keine Materie hat?

Jede Natur verhält sich zu ihrem Sein (*esse*=das Existieren) wie die Potenz zum Akt. In der intellektuellen Substanz verhält es sich ebenso mit ihrer von Materie freien Form. Diese Art der Zusammensetzung muss man bei Engeln verstehen. Der Engel ist zusammengesetzt aus dem, wodurch er ist, und dem, was er ist. Tatsächlich ist das, was er ist (das, was er ist=Form), die gleiche subsistierende Form, und sein Sein (das, wodurch er ist=*esse*=das Existieren) ist das, durch das die Substanz existiert.

20-Welche Gründe gibt es dafür, dass der Engel eine Zusammensetzung aus Akt und Potenz ist?

Es gibt verschiedene Gründe. Sankt Thomas hat einige in der *Summa contra Gentiles* Buch II, Kapitel 53, dargelegt. Wir können zwei Gründe nennen: 1-Der Engel empfängt seine Essenz von Gott. Diese *essentia* ist potenziell vorhanden, um zu existieren, solange Gott ihm das *esse* gewährt. Indem er es ihm gewährt, ist er im Akt des Seins oder der Existenz *(esse)*. Daher gibt es in jeder geschaffenen Substanz Akt und Potenz. 2-Jede Wirkung ist ähnlich ihrer Ursache. Der Engel ist potenziell seinem Schöpfer ähnlich und ist im Akt so, insofern er geschaffen ist. Daher gibt es im Engel wie in jeder geschaffenen Substanz Akt und Potenz.

21-Gibt es im Engel eine Zusammensetzung von Wesen und Existenz?

Ja, im Engel gibt es eine Zusammensetzung von *essentia* und *esse*. Nur in Gott gibt es keine solche Zusammensetzung. In Gott ist seine *essentia* sein *esse*.

22-Können Engel verdorben werden?

Engel sind von Natur aus unverderblich. Der Grund dafür liegt darin, dass nichts verdirbt, es sei denn, seine Form trennt sich von der Materie. Aber der Engel ist seine eigene subsistierende Form, sodass es unmöglich ist, dass seine Substanz verderblich ist.

23-Gibt es noch andere Gründe neben dem genannten?

Ja, Sankt Thomas hat in der *Summa contra Gentiles* Buch II, Kapitel 55, weitere Gründe dargelegt. Wir heben besonders zwei hervor: 1-Bei jeder Verderbnis bleibt die Potenz (Materie) bestehen, während sich die Form (Akt) trennt: Nichts verdirbt bis zur absoluten Nichtexistenz, genauso wie nichts aus absoluter Nichtexistenz entsteht. Bei intellektuellen Substanzen ist der Akt das *esse* (Existenz) und die *essentia* die Potenz. Daher würde, wenn die intellektuelle Substanz verderblich wäre, die *essentia* nach ihrer Verderbnis bestehen bleiben. Dies ist unmöglich. Daher ist keine intellektuelle Substanz verderblich. 2-Die Verderbnis bedeutet Leiden. Leiden ist ein gewisses Empfangen. Was die intellektuelle Substanz empfängt, geschieht gemäß ihrer Art zu sein, das heißt, intelligibel. Das Intelligible ist die Vollkommenheit des Intelligenten. Das Intelligible vervollkommnet die intelligente Substanz. Es verdirbt sie nicht, sondern vollendet sie. Daher ist keine intellektuelle Substanz verderblich.

24-Welche Beziehung haben Engel zur Art?

Die Art entsteht aus der Materie, die von der Quantität begrenzt ist *(materia signata quantitate)*, die die vielfachen Seienden der Gattung individualisiert. Aber Engel haben keine Materie. Daher können sie nicht individualisiert werden. Jeder Engel ist eine bestimmte Art. Er ist einzigartig in seiner Art: Es gibt keine Vermehrung individueller Engel derselben Art.

25-Können weitere Gründe für diese Behauptung angeführt werden?
Ja, Sankt Thomas in der *Summa contra Gentiles* Buch II, Kapitel 93, bietet mehrere Gründe an. Wir heben nur zwei hervor: 1-Der Unterschied, der von der Form herrührt, verursacht Vielfalt der Art. Der Unterschied, der von der Materie herrührt, verursacht nur numerische Vielfalt. Engel als getrennte Substanzen sind vollständig ohne Materie: Sie sind weder Teil von ihr noch sind sie mit ihr verbunden wie Formen. Daher ist es unmöglich, dass sie derselben Art angehören. 2-Damit die Natur der Art, die nicht dauerhaft in einem einzigen Individuum erhalten bleiben kann, in vielen erhalten bleibt, gibt es viele Individuen einer Art unter den verderblichen Seienden. Aber da getrennte Substanzen unverderblich sind, bleiben sie im einzelnen Individuum erhalten. Das heißt, sie brauchen nicht die Vielfalt von Individuen derselben Art.

26-Woher nehmen Engel Gattung und Art?
Die Gattung der intellektuellen Substanzen (Engel und menschliche Seele) wird aus der Essenz ihrer Natur genommen, und die Art aus dem bestimmten Grad des Seins (hierarchische Beziehungen zwischen den Substanzen). Es gibt keine Individuen in einer Art, und es gibt keine zwei gleichen, sondern einige Arten sind natürlicherweise anderen überlegen. Sie unterscheiden sich im Grad ihrer intellektuellen Natur.

27-Ist die Anzahl der Engel groß oder nicht?
Diese Frage beantwortet Sankt Thomas in der *Summa Theologica* I, q.50 a.3.

28-Und was antwortet er?
Er antwortet, dass die Zahl der Engel, wahre immaterielle Substanzen, die einer riesigen Menge entspricht, größer ist als die der materiellen Substanzen. Der Grund: Gott suchte bei der Schöpfung das Ziel der Vollkommenheit aller Geschaffenen. Je vollkommener die Dinge waren, desto zahlreicher wurden sie von ihm erschaffen. Bei Körpern entspricht

die größere Anzahl der Größe. Bei den unkörperlichen Seienden entspricht die größere Anzahl der Menge. Daher ist es vernünftig anzunehmen, dass immaterielle Substanzen in ihrer Zahl die materiellen übertreffen, sodass sie kaum vergleichbar sind.

29-Nimmt der Engel einen Ort ein?
Ja, der Engel nimmt einen Ort ein.

30-Wie nimmt der Engel einen Ort ein?
Der Engel nimmt einen Ort ein durch seine virtuelle Quantität. Er nimmt keinen Ort ein, wie es eine körperliche Substanz tut, durch den Kontakt ihrer körperlichen Dimensionen, als ob er in einem Behälter empfangen würde. *Der Engel ist weder begrenzt noch in einem Ort enthalten, sondern eher wie jemand, der ihn enthält.*

31-Was ist die virtuelle Quantität?
Die virtuelle Quantität *(quantitas virtualis)* oder Quantität der Kraft *(quantitas virtutis)* ist das Maß der Vollkommenheit eines Engels. Aufgrund dessen nimmt der Engel einen Ort ein, nicht als Inhalt, sondern als derjenige, der ihn irgendwie enthält. Der Engel schreibt sich nicht dem Ort um, da er überhaupt keine Dimensionen oder Ausdehnung hat. In Bezug auf den Ort ist er in diesem, indem er nicht in einem anderen ist.

32-Kann ein Engel gleichzeitig an mehreren Orten sein?
Nein, ein Engel kann nicht gleichzeitig an mehreren Orten sein. Denn alles, worauf sich die Kraft des Engels direkt anwendet, ist für ihn ein einziger Ort, auch wenn er groß ist. Der Engel schreibt sich nicht dem Ort um, da er überhaupt keine Dimensionen oder Ausdehnung hat. In Bezug auf den Ort ist er in diesem, indem er nicht in einem anderen ist.

33-Können mehrere Engel gleichzeitig an einem Ort sein?
Nein, mehrere Engel können nicht gleichzeitig an einem Ort sein.

34-Wie lässt sich diese Aussage rechtfertigen?

Es ist unmöglich, dass zwei perfekte und direkte Ursachen desselben Effekts gegeben sind. Dieses Prinzip auf unser Thema angewendet: Jeder Engel enthält einen Ort durch seine virtuelle Quantität. Der Engel ist die Ursache. Der im Engel enthaltene Ort ist der Effekt. Das enthaltene Sein hängt von einer einzigen Ursache ab, das heißt, von einem Engel. Jeder Engel ist ausreichend, um den Ort durch seine virtuelle Quantität zu enthalten. Es ist kein anderer erforderlich, der nicht das enthalten könnte, was bereits der erste enthält. Es ist nicht möglich, dass zwei Engel denselben Effekt erzeugen: denselben Ort enthalten, jeder durch seine virtuelle Quantität.

35-Hat der Engel lokale Bewegung?
Ja, der Engel kann sich örtlich bewegen.

36-Wie bewegt er sich?
Die Bewegung des Engels wird nicht durch den Ort selbst oder durch seine Anforderungen an Kontinuität gemessen. Die Bewegung kann kontinuierlich oder diskontinuierlich sein. Beispiel für kontinuierliche Bewegung: So wie der Körper sukzessive und nicht alles auf einmal den Ort verlässt, an dem er zuvor war, so kann auch der Engel sukzessive den Ort verlassen, an dem er war. Der Körper tut dies, weil er Teile hat. Der Engel tut dies durch sukzessive Berührungen. Beispiel für diskontinuierliche Bewegung: Er verlässt plötzlich einen Ort und nimmt sofort einen anderen ein.

37-Bewegt sich der Engel beim Bewegen durch die Mitte?
Das hängt von der Art der Bewegung ab. Wenn die Bewegung kontinuierlich ist, muss der Engel sich bewegen, indem er durch die Mitte geht. Wenn die Bewegung diskontinuierlich ist, kann er sich von einem Ende zum anderen bewegen, ohne durch die Mitte zu gehen.

38-Ist die örtliche Bewegung des Engels augenblicklich?
Nein, sie ist nicht augenblicklich. In jeder Bewegung gibt es ein Vorher und ein Nachher. *Daher geschieht jede Bewegung, auch die des Engels, in der Zeit, da es darin ein Vorher und ein Nachher gibt.* Die Zeit kann

kontinuierlich oder diskontinuierlich sein, je nach Art der Bewegung. Denken wir daran, dass der Engel sich auf beide Arten bewegen kann.

39-Ist beim Engel das Erkennen seine Substanz?
Nein, nur in Gott ist das Erkennen oder Verstehen seine Substanz.

40-Wie wird das gerechtfertigt?
In der *Summa Theologica* I, q.54 a.1, durch die folgenden Gründe: 1- Das Erkennen oder Verstehen ist eine Handlung. Die Handlung ist eine Fähigkeit im Akt. Damit die Substanz des Engels sein eigenes Erkennen ist, muss der Engel reine Akt sein. Aber das kann er nicht sein, weil in ihm eine Zusammensetzung von Akt und Potenz vorliegt. 2-Wenn das Erkennen des Engels seine Substanz wäre, müsste der Engel subsistierend sein. Aber das subsistierende Verstehen, wie jede andere abstrakte Form, muss etwas Einzigartiges sein. Wenn der Engel subsistierend wäre, würde er sich nicht von der Substanz Gottes unterscheiden, der dasselbe subsistierende Sein ist, noch von der Substanz eines anderen Engels. Und das ist unmöglich. 3-Wenn der Engel sein eigenes Verstehen wäre, könnte es keine mehr oder weniger perfekten Grade im Verstehen geben. Dass es solche gibt, zeigt uns die Vielfalt der Teilnahme am Sein des Akts des Verstehens.

41-Ist beim Engel das Erkennen sein Existieren *(esse)*?
Nein, in Gott und nur in ihm ist sein Erkennen oder Verstehen sein Existieren *(esse)*.

42-Wie wird das gerechtfertigt?
In der *Summa Theologica* I, q.54 a.2, durch die folgenden Gründe: 1- Das Erkennen oder Verstehen ist eine Handlung, die im Agenten bleibt. Sie verändert nichts Äußeres. Es muss absolut unendlich sein. Ihr Objekt ist das Wahre. Der Akt des Verstehens bezieht sich daher auf alles. Er ist in der Potenz, alles Existierende oder Mögliche zu erkennen oder zu verstehen. Er empfängt seine Spezies von seinem Objekt. 2-Im Gegensatz dazu ist das Existieren oder *esse* des Engels auf eine einzige Sache sowohl in der Gattung als auch in der Art beschränkt. Es ist endlich. Es ist auf die

Substanz dieses bestimmten Engels festgelegt. Es aktualisiert die *essentia* dieses Engels und nur von diesem und nicht von einem anderen.

43-Ist beim Engel seine intellektuelle Potenz seine Essenz?

Nein, in Gott und nur in Ihm ist seine Kraft des Erkennens oder Verstehens seine Essenz.

44-Wie wird das gerechtfertigt?

In der *Summa Theologica* I, q.54 a.3, lehrt Sankt Thomas, dass die Potenz mit der Akt verbunden ist. Mit der Vielfalt der Akte gibt es eine Vielfalt von Potenzen. Die Essenz *(essentia)* eines jeden Seienden steht zu seinem Existieren *(esse)* wie die Potenz zur Akt. Die Akt, die der intellektuellen Potenz entspricht, ist die Handlung des Erkennens oder Verstehens. Aber weder beim Engel noch bei irgendeinem Geschöpf sind Essenz und Erkennen oder Verstehen dasselbe. Die Essenz *(essentia)* steht in Potenz zum existieren *(esse)* und daher zum Erkennen oder Verstehen. Daher ist die Essenz des Engels nicht seine intellektuelle Potenz, noch ist bei einem geschaffenen Seienden seine operative Potenz seine Essenz.

45-Ist beim Engel die Unterscheidung zwischen *intellectus possibillis* und *intellectus agens* zu treffen?

Nein, nur beim Menschen ist es möglich, das *intellectus possibilis* und *intellectus agens* zu unterscheiden.

46-Warum?

Aus folgenden Gründen: 1-Wir können im Akt des Erkennens oder Verstehens sein oder in Potenz des Erkennens oder Verstehens *(intellectus possibilis)* sein. Aber Engel können nicht in Potenz des Erkennens oder Verstehens sein, was sie natürlich erkennen oder verstehen, das heißt, durch die angeborenen intelligiblen Spezies, die sie besitzen. 2-Der *intellectus agens* ist die Fähigkeit unseres Verstandes, materielle Substanzen, die von den Sinnen erfasst werden, als solche potenziell intelligibel zu machen. Dies geschieht bei den Engeln nicht, da sie das Immaterielle direkt verstehen, ohne die Vermittlung eines *intellectus agens*.

Dies geschieht durch die angeborenen intelligiblen Spezies, die sie besitzen.

47-Kann der Engel alle Dinge in seiner eigenen Engelsessenz erkennen?

Der Engel kann nicht alle Dinge in seiner eigenen Engelsessenz erkennen. Nur Gott kann alles in seiner eigenen göttlichen Essenz erkennen.

48-Wie wird das gerechtfertigt?

In der *Summa Theologica* I, q.55 a.1 wird das gerechtfertigt. Er erklärt, dass die Engel, im Gegensatz zu den Menschen, da sie Formen sind, die nicht von Materie abhängen, ein Verständnis haben, das sich auf alle Dinge ausdehnen kann. Mit anderen Worten: Engel haben im Gegensatz zu uns ein allgemeines Verständnis von allem. Da ihre Form (durch die sie erkennen) jedoch endlich und auf ihre Spezies festgelegt ist, können sie nicht alles absolut und vollständig in sich selbst begreifen. Daher können Engel alles im Allgemeinen erkennen, aber nicht alles absolut und vollständig in sich selbst erkennen.

49-Benötigt der Engel vorherige intelligible Spezies, um zu erkennen?

Nein, er benötigt sie nicht wie der Mensch.

50-Warum?

Seine intelligiblen Spezies sind aufgrund der gleichen intelligiblen Natur, die der Engel besitzt, angeboren. Der Mensch, zusammengesetzt aus Materie und Form, einer körperlichen Substanz von Natur aus, muss sie aus der Erfahrung der Sinne formen. Auf diese Weise sind in Engeln die Ähnlichkeiten (Spezies) der Kreaturen, aber nicht von ihnen abgeleitet, sondern von Gott, der die Ursache der Kreaturen ist und in dem die Ähnlichkeiten der Dinge zuerst existieren.

51-Wie erkennt der obere Engel und wie der untere?

Ein Engel ist einem anderen überlegen, indem er näher bei Gott ist. Er erkennt von sich aus, ohne intelligible Spezies. Je näher ein Engel bei Gott ist, dh je höher er in der Engels-Hierarchie steht, desto weniger intelligible Spezies benötigt er. Und umgekehrt.

52-Kennt der Engel sich selbst?
Ja, der Engel kennt sich selbst.

53-Wie wird das gerechtfertigt?
In der Erkenntnis sind die Spezies oder Ähnlichkeiten das formale Prinzip des Erkennens. Im Fall des Engels sind diese Formen von Natur aus im Akt und jederzeit in Potenz zu erkennen. Da der Engel immateriell ist, sind diese Formen subsistierende und von Natur aus intelligibel. Daher kennt der Engel sich selbst durch seine Form, die seine Substanz ist.

54-Kann ein Engel einen anderen Engel kennen?
Ja, ein Engel kann einen anderen Engel kennen, sei er ihm in der Hierarchie überlegen oder unterlegen.

55-Wie wird das gerechtfertigt?
Die Engel kennen einander durch die Ähnlichkeit der Art. Sie sind einander ähnlich. Diese Ähnlichkeit im Sein impliziert keine Ursache-Wirkungs-Beziehung, sodass ein Engel Ursache eines anderen wäre. Es gibt zwischen den Engeln keine Ursache-Wirkungs-Beziehung, sondern alle, die von Gott geschaffen wurden, sind seine Wirkungen. Der Unterschied zwischen den Engeln besteht nur in den Graden der Vollkommenheit.

56-Kennt ein Engel Gott?
Ja, ein Engel kennt Gott.

57-Wie wird diese Aussage gerechtfertigt?
Der Engel kennt Gott durch die angeborene intelligible Spezies, die er von ihm besitzt. Er kennt Gott nicht in seiner Essenz, das heißt, in sich

selbst. Dies ist für ihn unmöglich, da er eine endliche Kreatur ist: Gott ist unendlich fern vom Verständnis des Engels.

58-Kennen die Engel die materiellen Seienden?
Ja, die Engel kennen die materiellen Seienden.

59-Wie wird das gerechtfertigt?
Die materiellen Seienden sind im Engel durch ihre angeborenen intelligiblen Spezies. Die materiellen Seienden sind im Verständnis des Engels, nicht nach ihrem wirklichen Sein, sondern so, wie das Verstandene in dem ist, der versteht. Dies geschieht auch beim Menschen, obwohl dieser im Gegensatz zum Engel die intelligiblen Spezies durch Abstraktion aus den sinnlichen Daten bildet. Der Engel muss nicht wie der Mensch operieren, um die intelligiblen Spezies zu bilden, sondern er besitzt solche intelligiblen Spezies im Akt, von Natur aus.

60-Kennen die Engel das Besondere?
Ja, die Engel kennen durch ihr Verständnis alles, das Besondere und das Allgemeine, das Materielle und das Immaterielle aller Seienden.

61-Wie wird diese Aussage gerechtfertigt?
In der Schöpfungsordnung ist es so, dass je erhabener ein Seiendes ist, desto größer ist seine Fähigkeit und umso mehr Dinge umfasst es. Es ist unzulässig zu sagen, dass der Mensch durch eine seiner Kräfte etwas kennt, das der Engel nicht durch seine einzige Erkenntnisfähigkeit, nämlich das Verständnis, kennt. Der Engel erkennt durch die natürlichen intelligiblen Spezies, die ihm angeboren sind und die Ähnlichkeiten der Seienden sind, sei es körperlich oder unkörperlich, individuell oder universal.

62-Weiß der Engel die Zukunft?
Ja, wenn es um das Wissen durch Ursachen geht. So wie der Arzt die Gesundheit des Kranken vorhersagen kann oder der Meteorologe das Wetter. Nein, wenn es darum geht, alles zu wissen, was passieren wird. Auf diese Weise wird das Wissen um die Zukunft in sich selbst genannt. Es besteht darin zu wissen, was passieren wird und wie es morgen

unweigerlich passieren wird. Sowohl das Verursachte als auch das Verursachende oder Zufällige.

63-Warum kann der Engel die Zukunft nicht in seiner eigenen Engelsessenz erkennen?
Die Intelligenz des Engels steht über der Zeit, die körperliche Bewegungen misst. Aber im Engel gibt es dennoch Zeit als eine Abfolge von Gedanken. Und da es im Verstand des Engels eine Abfolge gibt, ist ihm nicht alles, was im Laufe aller Zeiten geschieht, gegenwärtig. Deshalb ist es ihm unmöglich, die Zukunft in seiner eigenen Engelsessenz zu kennen.

64-Kennt der Engel die Gedanken des Menschen?
Ja, er kann sie kennen, wie jemand, der Ursache und Wirkung kennt. Zum Beispiel kann unser Verhalten verraten, was wir denken, auch wenn wir es geheim halten, ohne etwas zu sagen. Nein, er kann sie nicht direkt kennen, so wie sie in der Seele sind.

65-Warum?
Weil ihm, wie dem Menschen, die Fähigkeit fehlt, in das Innere des Gedankens und des Willens einzudringen. Nur Gott der Vollkommenste kann in diese Bereiche vordringen.

66-Ist das Verständnis des Engels immer im Akt?
Nein, der Verstand des Engels kann im Akt oder in Potenz sein.

67-Wie wird diese Aussage erklärt?
Der Engel ist nicht in der Lage, intelligible Spezies zu erwerben, die er bereits im Akt besitzt. Wenn er also über das nachdenkt, was er natürlich kennt (das heißt, durch die angeborenen intelligiblen Spezies, die er bereits im Akt besitzt), ist sein Verständnis im Akt. Wenn er jedoch nicht über das nachdenkt, was er natürlich kennt (das heißt, durch die angeborenen intelligiblen Spezies, die er bereits im Akt besitzt), ist sein Verständnis potenziell.

68-Kann der Engel viele Dinge gleichzeitig kennen?

Es hängt davon ab. Es ist offensichtlich, dass viele Dinge, wenn sie verschieden sind (das heißt, wenn sie verschiedene intelligible Spezies erfordern), nicht gleichzeitig verstanden werden können. Es ist jedoch offensichtlich, dass viele verschiedene Dinge, aber in einem einzigen intelligiblen Objekt vereint (das heißt, in einer einzigen intelligiblen Spezies), gleichzeitig verstanden werden können. In diesem letzten Fall ist es ähnlich wie bei unserem Verständnis, das gleichzeitig das Subjekt und das Prädikat als Teile eines einzigen Satzes versteht; und so versteht er auch die Elemente eines Vergleichs, wenn sie als verglichen betrachtet werden. Auf diese Weise kann der Engel also viele Dinge gleichzeitig verstehen.

69-Kennt der Engel durch diskursives Denken?

Nein, der Engel kennt nicht durch diskursives Denken.

70-Warum?

Weil er die Fülle des intellektuellen Lichts besitzt: Wenn er die Ersten Prinzipien kennt, versteht er sofort alle Folgerungen. Sowohl für den Menschen als auch für den Engel sind die Ersten Prinzipien offensichtlich. Aber der Mensch besitzt keine angeborenen intelligiblen Spezies, die an sich intelligibel sind. Deshalb muss der Mensch, um die Folgerungen aus den Ersten Prinzipien zu ziehen, von den Effekten auf die Ursachen schließen. Der Engel jedoch nicht.

71-Kennt der Engel durch Zusammensetzung und Teilung?

Nein, der Engel kennt nicht durch Zusammensetzung und Teilung.

72-Warum?

Er setzt Konzepte zusammen und teilt sie, wenn eines dem anderen zugeschrieben oder von ihm abgesprochen wird. So wie im intelligiblen Denken die Schlussfolgerung mit ihrem Prinzip verglichen wird, vergleicht der Engel im Zusammensetzen und Teilen das Prädikat mit dem Subjekt. In rein geistiger Substanz, wie beim Engel, ist das Licht des Wissens vollkommen. Und genauso wie er nicht durch Schlussfolgerungen versteht,

versteht er auch nicht durch Zusammensetzen und Teilen. Er versteht oder kennt die Essenz des Seins direkt, das heißt, was etwas ist.

73-Kann es in der Erkenntnis des Engels Falschheit geben?
Nein, in der Erkenntnis des Engels kann es keine Falschheit geben.

74-Warum?
Das eigentliche Objekt des Verstandes ist die Wahrheit des Seins. In Bezug auf die Wahrheit dessen, was ist, irrt der Verstand nicht. Es kann jedoch vorkommen, dass der Verstand Irrtum oder Falschheit erleidet, wenn er das, was etwas ist, versteht. Daher können Fehler oder Täuschungen nicht im Verstand als solchem liegen, sondern nur akzidentell.

75-Gibt es Willen in den Engeln?
Ja, in den Engeln gibt es Willen.

76-Wie wird das begründet?
In der *Summa contra Gentiles* Buch II, Kapitel 47, entwickelt Sankt Thomas einige Gründe, um zu behaupten, dass die Engel Willen haben. Wir werden zwei zitieren: 1-In allen geschaffenen Sein gibt es eine Neigung oder Appetit zum Guten. Es wird natürlicher Appetit genannt in Bezug auf Sein ohne Verstand. Es wird sensorischer oder animalischer Appetit genannt in Bezug auf Sein, die sensorisches Wissen haben. Es wird intellektueller, rationaler oder Wille genannt, in Bezug auf Sein, die Verstand haben. Daher haben die Engel einen Willen. 2-Ein Sein mit Willen ist Herr seiner eigenen Handlungen. Es bestimmt sich selbst in seinem Handeln, um sein Ziel zu erreichen. Es handelt nicht aufgrund natürlichen Drangs. Sein ohne Verstand, Pflanzen und Tiere werden dazu getrieben, ihr natürliches Ziel zu erreichen. Daher haben die Engel einen Willen.

77-Ist der Wille der Engel ihr Wesen und ihr Verstand?
Nein, nur in Gott ist ihr Wille ihr Wesen und ihr Verstand..

78-Warum?
Der Wille des Engels ist nicht sein Wesen oder sein Verständnis, weil: 1-Der Wille strebt nach außerhalb des Seins. Und alles, was sich nach außen erstreckt, gehört nicht zum Wesen, sondern zu etwas, das dem Sein hinzugefügt ist. 2-Verständnis und Wille sind zwei verschiedene Kräfte. Während das erste nach außen strebt, um alles außerhalb seiner selbst zu erreichen (das Wissen), strebt das zweite nach außen, um etwas zu erhalten, das es begehrt und nicht hat. 3-Der Wille tendiert natürlich zum Guten. Deshalb stimmen Wesen und Wille nur dort überein, wo das Wesen des begehrten Seins alles beinhaltet, was begehrt wird. Und dies geschieht in Gott. 4-Verständnis und Wille unterscheiden sich nicht nach der materiellen Unterscheidung der Objekte, sondern nach der formalen Unterscheidung, die auf dem Grund des Guten und des Wahren beruht.

79-Gibt es in den Engeln einen freien Willen?
Ja, in den Engeln gibt es einen freien Willen. Genauer gesagt, in allen Seienden, die Verstand besitzen, gibt es einen freien Willen.

80-Was ist der freie Wille?
Es ist die Fähigkeit, durch die das Sein frei urteilt. Der freie Wille ermöglicht es ihm, den allgemeinen Grund des Guten zu erkennen, durch den es dieses oder jenes als gut beurteilen kann.

81-Worin unterscheidet sich der engelische freie Wille vom menschlichen?
Sie unterscheiden sich darin, dass der engelische Wille erhabener ist, denn der Verstand des Engels ist erhabener als der des Menschen.

82-Inwiefern unterscheidet sich der freie Wille bei den höheren und den niederen Engeln?
Der freie Wille hat bei den höheren Engeln eine würdigere Existenzform als bei den niederen Engeln, ebenso wie das Urteil ihres Verstandes. Dies ist offensichtlich angesichts der größeren Würde der höheren Engel, die Gott näher stehen und ihm ähnlicher sind.

83-Sind die Jähzornigen und die Begehrenden in Engeln gegeben?
Nein, ganz und gar nicht.

84-Was sind die jähzornigen und was sind die begehenden Leidenschaften?
Die Bewegungen, die dem empfindsamen Appetit entspringen, nennt man Leidenschaften der Seele. Sie sind Handlungen des sensitiven Appetits. Die Seele neigt zu dem, was von den Sinnen als gut wahrgenommen wird. Der sensitive Appetit wird in den begehenden und den jähzornigen unterteilt. Der begehende Appetit drückt den Impuls der Seele zu den sinnlichen Dingen aus, die durch die Sinne wahrgenommen werden. Das Jähzornige drückt den Trieb der Seele aus, insofern sie gegen die Hindernisse kämpft, die den Besitz des Ersehnten verhindern.

85-Warum fehlt dem Engel der jähzornige Appetit und der begehrende Appetit?
Weil ihnen der sensitive Appetit fehlt. Sie besitzen nur den intellektuellen Appetit.

86-Gibt es in den Engeln natürliche Liebe?
Liebe ist die Zuneigung des Appetits zum Guten. Natürliche Liebe entspricht der Natur des jeweiligen Seins. Es ist die Neigung zum Guten, die alle Seinsformen haben, ob sie Verstand haben oder nicht. Daher müssen wir sagen, dass ja, in den Engeln natürliche Liebe existiert.

87-Gibt es in den Engeln wählende Liebe?
Wählende Liebe ist jede Liebe, die sich auf ein vom Grund geliebtes Gut bezieht. Die wählende Liebe hat die Mittel zum Gegenstand, durch die das gewünschte Gut erreicht werden soll. Wir müssen sagen, dass ja, in den Engeln wählende Liebe existiert.

88-Liebt der Engel sich selbst?
Ja, der Engel liebt sich selbst mit natürlicher und wählender Liebe.

89-Wie wird das erklärt?

Der Engel liebt sich selbst natürlich, insofern er danach strebt, irgendein Gut für sich zu wollen. Das ist die natürliche Liebe. Der Engel liebt sich selbst, indem er durch Wahl das Gute für sich will. Das heißt: Indem er die Mittel wählt, um das Gut zu erreichen, das sein Ziel ist, wählt er wählende Liebe.

90-Liebt der Engel ein anderes Seiende mit natürlicher Liebe so wie er sich selbst liebt?
Ja, das tut er.

91-Wie wird das erklärt?
Was mit einem Seienden eins ist, ist dieses Seiende selbst. Deshalb liebt jedes Seiende das, was mit ihm eins ist. Wenn es eins mit ihm durch natürliche Vereinigung ist, liebt es es mit natürlicher Liebe. Wenn es eins mit ihm durch nicht-natürliche Vereinigung ist, liebt es es mit nicht-natürlicher Liebe. Beispiel: Der Mensch liebt seinen Mitbürger mit sozialer Liebe. Ein Engel liebt ein anderes mit natürlicher Liebe, weil es mit ihm in derselben Natur übereinstimmt. Und er liebt ein anderes mit nicht-natürlicher Liebe, soweit es mit ihm übereinstimmt oder auch, soweit es sich in einigen anderen Dingen von ihm unterscheidet.

92-Liebt der Engel Gott mit natürlicher Liebe mehr als sich selbst?
Ja, der Engel liebt Gott mit natürlicher Liebe mehr als sich selbst.

93-Wie wird das erklärt?
Der Engel strebt von Natur aus zum Guten, das Gott ist. Ihm verdankt er sein Sein und alles, was er besitzt, denn Gott ist seine Ursache. Also liebt der Engel Gott vorzugsweise mit natürlicher Liebe mehr als sich selbst.

94-In welcher Beziehung stehen die Engel zur Göttlichen Vorsehung?
Die Engel sind die universellen Vollstrecker der Göttlichen Vorsehung. Das heißt, sie regieren die unter ihnen stehenden Geschöpfe.

95-Wie belegt Sankt Thomas diese Aussage?
Er belegt sie in der *Summa contra Gentiles* Buch III, Kapitel 78, mit verschiedenen Argumenten. Wir werden nur zwei erwähnen: 1-Die Fähigkeit des Seienden, das das Ziel zu kennen, leitet die Fähigkeit des Seienden, das das Ziel nicht zu kennen. Auf diese Weise wird das Instrument, das das Ziel nicht kennt, einfach von dem geleitet, der es kennt. Daher, da nur die Engel die Zweckbestimmung der Ordnung der unter ihnen stehenden Geschöpfe kennen, obliegt es ihnen, die anderen zu regieren und zu leiten. 2-Die intellektuellen Seienden handeln aus sich selbst heraus. Andere Seiende handeln durch ein anderes. Die Ersteren handeln aus freiem Willen. Die Letzteren handeln aus natürlicher Notwendigkeit. Daher regieren die Engel die anderen Geschöpfe unter sich durch ihre eigene Handlung.

96-Was ist eine Hierarchie?
Eine Hierarchie ist eine von Gott gewollte Ordnung.

97-Was ist eine Engelshierarchie?
Eine Engelshierarchie ist die Ordnung der Engel nach ihrer Potenz, gemäß dem göttlichen Wohlgefallen.

98-Was erfordert das Wesen einer Hierarchie selbst?
Das Wesen einer Hierarchie erfordert Vielfalt von Ordnungen, die sich nach der Vielfalt von Funktionen bestimmen. Wiederum wird die Vielfalt von Funktionen durch die Fähigkeit des Engels zu erkennen bestimmt. Und diese ist durch die mit ihm angeborenen intelligiblen Spezies bestimmt. Je weniger diese Spezies sind, desto ähnlicher ist der Engel Gott und desto höhere Hierarchie besitzt er. Je mehr es sind, desto weniger ähnlich ist der Engel Gott und desto niedrigere Hierarchie besitzt er.

99-Auf wie viele Ordnungen kann die Engelshierarchie reduziert werden?
Sie kann auf drei Ordnungen reduziert werden, da jede vollkommene Vielheit aus Anfang, Mitte und Ende besteht.

100-Ist jede Ordnung der Engelshierarchie unterteilt?
Ja, jede Ordnung der Engelshierarchie ist ihrerseits in Grade unterteilt.

101-Wie viele und welche sind die Grade?
Nach dem bereits erwähnten Kriterium, dass jede vollkommene Vielheit aus Anfang, Mitte und Ende besteht, wird jede Ordnung in drei Grade unterteilt: den höchsten, den mittleren und den niedrigsten.

102-Was bezeichnen die Bezeichnungen der verschiedenen Engelshierarchien?
Sie bezeichnen ihre jeweiligen Eigenschaften.

103-Kennen wir die Engel und ihre Ämter vollkommen, um die verschiedenen Engelshierarchien angemessen zu unterscheiden?
Nein, wir kennen sie unvollkommen. Deshalb unterscheiden wir nur im Allgemeinen ihre Ämter und Funktionen, sowie beschreiben wir im Allgemeinen die Ordnungen, zu denen sie gehören.

104-Wie wird die Ordnung der Engelshierarchie bestimmt?
Sie wird bestimmt nach dem größeren oder kleineren Wissen über die Vernunft der Ordnung der Göttlichen Vorsehung im selben letzten Ziel, das Seine Güte ist.

105-Wie heißen die Grade der höheren Engelshierarchie?
Der erste Grad ist der der <u>Seraphim</u>. Der zweite Grad ist der der <u>Cherubim</u>. Und der dritte Grad ist der der <u>Throne</u>. Diese Hierarchie kennt am deutlichsten (allgemein) im Vergleich zu den anderen Hierarchien den Grund der Ordnung der Göttlichen Vorsehung im selben letzten Ziel, das die göttliche Güte ist. Unter den genannten Graden unterscheiden sie sich durch die Intensität dieser Klarheit, von mehr zu weniger.

106-Welche Ordnung steht unmittelbar unter der höheren Engelshierarchie?
Es ist die mittlere Engelshierarchie.

107-Wie heißen die Grade der mittleren Engelshierarchie?
Der erste Grad ist der der <u>Herrschaften</u>. Der zweite Grad ist der der <u>Mächte</u>. Der dritte Grad ist der der <u>Gewalten</u>.

108-Welches Kriterium bestimmt diese Unterteilung?
Die höchsten von ihnen haben eine universellere Erkenntnisfähigkeit; deshalb kennen sie die Ordnung der Vorsehung in den allgemeinsten Prinzipien und Ursachen. Die niedrigeren dagegen erlangen ihr Wissen über spezifischere Ursachen.

109-Welche Ordnung steht unmittelbar unter der mittleren Engelshierarchie?
Es ist die niedrigere Engelshierarchie.

110-Wie heißen die Grade der niedrigeren Engelshierarchie?
Der erste Grad ist der der <u>Fürstentümer</u>. Der zweite Grad ist der der <u>Erzengel</u>. Und der dritte Grad ist der der <u>Engel selbst</u>.

111-Welches Kriterium bestimmt diese Unterteilung?
Es sind die Engel, die göttlich mehr oder weniger erkennen, je nach ihrem Grad, die Ordnung der Göttlichen Vorsehung durch spezifische Ursachen. Diese Engel stehen unmittelbar über den Menschen.

112-Wird das körperliche Geschöpf von den Engeln regiert?
Ja, das körperliche Geschöpf wird von den Engeln regiert.

113-Wie wird das erklärt?
Es wird durch folgende Gründe erklärt: 1-Die spezielle Kraft eines Seienden wird von der universellen Kraft eines anderen Seienden regiert und geleitet. 2-Die Kraft eines Körpers ist spezieller als die Kraft der intellektuellen Substanz. 3-Daher werden ebenso wie die niedrigeren Engel, die weniger universelle Formen haben, von den höheren, die universellere Formen haben, regiert, auch alle körperlichen Dinge von den Engeln regiert.

114-Gehorcht die körperliche Materie dem Willen der Engel?
Nein, sie gehorcht nicht.

115-Warum nicht?
Weil jedes Agens etwas Ähnliches wie es selbst bewirkt. Und der Engel hat keine Materie. Er ist reine Form. Er ist weder Gott noch eine Zusammensetzung aus Materie und Form, um einen materiellen Körper hervorzubringen.

116-Was ist Erleuchtung?
Erleuchtung ist die Offenbarung der göttlichen Wahrheit.

117-Wie ist sie unterteilt?
Die Erleuchtung kann unter zwei Aspekten betrachtet werden. Unter dem ersten Aspekt wird der niedrigere Verstand direkt durch die Handlung des höheren Verstandes erleuchtet. Unter dem zweiten Aspekt passt sich der höhere Verstand dem niedrigeren an. So kann dieser entsprechend seiner eigenen intellektuellen Fähigkeit die Erleuchtung des höheren Verstandes empfangen.

118-Kann der Engel den Verstand des Menschen erleuchten?
Ja, das kann er.

119-Warum?
Weil nach der Ordnung der göttlichen Vorsehung die unteren Wesen der Handlung der höheren unterworfen sind. Dann die niedrigeren Engel den höheren, die Menschen den Engeln. Obwohl nicht jeder, der vom Engel erleuchtet wird, sich dessen bewusst ist.

120-Wie erleuchtet der Engel einen Menschen?
Von den beiden genannten Aspekten ist der erste nicht auf den Menschen in Bezug auf den Engel anwendbar. Es ist offensichtlich, dass der Mensch nicht direkt durch den engelhaften Intellekt erleuchtet werden kann, da er durch gebildete intelligible Spezies aus sinnlicher Erkenntnis erkennt. Er hat keine Fähigkeit, Spezies in sich selbst zu empfangen. Daher

muss gesagt werden, dass die Engel den Menschen die intelligiblen Wahrheiten unter den Ähnlichkeiten sinnlicher Dinge vorschlagen.

121-Kann der Engel den Willen des Menschen verändern?
Er kann den Willen des Menschen nicht direkt verändern, aber indirekt.

122-Wie kann der Engel den menschlichen Willen indirekt verändern?
Er kann dies durch Überzeugung tun, die den Appetit des Willens bewegt; oder indem er die Leidenschaften des sinnlichen Appetits erweckt.

123-Kann der Engel die Vorstellungskraft des Menschen verändern?
Ja, das kann er.

124-Wie wird das erklärt?
Sankt Thomas erklärt dies folgendermaßen: Die materielle Natur unterliegt der Macht des Engels in Bezug auf die Ortsbewegung. Daher fallen alle Dinge, die durch diese Bewegung verursacht werden können, ebenfalls unter die natürliche Macht der Engel. Zum Beispiel: Ein Engel kann Träume erzeugen, während wir schlafen.

125-Kann der Engel die Sinne des Menschen verändern?
Ja, er kann sie sowohl äußerlich als auch innerlich verändern.

ENDNOTEN

[1] Vgl. SOTO POSADA GONZALO. *La concepción de los ángeles y el origen del mal en Tomás de Aquino*. Cuestiones teológicas. Volumen 33. N° 80. Universidad Pontificia Bolivariana. Seiten 337-358. Medellín. Colombia. 2006.

[2] AQUINAS THOMAS. *Quaestiones disputatae de potentia Dei. On the power of God.* Translated by the English Dominican Fathers Westminster, Maryland: The NewmanPress, 1952, reprint of 1932 Html edition by Joseph Kenny, O.P. Q.3 a.5 Resp. https://isidore.co/aquinas/QDdePotentia.htm.

[3] GILSON ÉTIENNE. *El Tomismo*. Introducción a la filosofía de Santo Tomás de Aquino. Ediciones Desclée, de Brouwer. Buenos Aires. 1951. Seite 231.

[4] Vgl VON AQUIN, THOMAS (SANKT). *Summa Theologiae* I, q.50 a.1 ad.1.

[5] AQUINAS, ST. THOMAS. *The Summa Theologica*. Latin & English. Translated by Fathers of the English Dominican Province. Benziger Bros. Edition. 1947. I, q.50 a.2 Resp. https://isidore.co/aquinas/summa/index.html.

[6] AQUINAS, ST. THOMAS. *The Summa Theologica*. Latin & English. Translated by Fathers of the English Dominican Province. Benziger Bros. Edition. 1947. I, q.50 a.2 ad.3. https://isidore.co/aquinas/summa/index.html.

[7] AQUINAS, ST. THOMAS. *The Summa Theologica*. Latin & English. Translated by Fathers of the English Dominican Province. Benziger Bros. Edition. 1947. I, q.50 a.5 Resp. *in fine.* https://isidore.co/aquinas/summa/index.html.

[8] GILSON ÉTIENNE. *El Tomismo*. Introducción a la filosofía de Santo Tomás de Aquino. Ediciones Desclée, de Brouwer. Buenos Aires. 1951. Seiten 235-236.

[9] SOTO POSADA GONZALO. *La concepción de los ángeles y el origen del mal en Tomás de Aquino*. Cuestiones teológicas. Volumen 33. N° 80. Universidad Pontificia Bolivariana. Seiten 337-358. Medellín. Colombia. 2006.

[10] GILSON ÉTIENNE. *El Tomismo*. Introducción a la filosofía de Santo Tomás de Aquino. Ediciones Desclée, de Brouwer. Buenos Aires. 1951. Seite 239.

[11] ARISTÓTELES. *Física*. Introducción, traducción y notas de Guillermo R. de Echandía. Editorial Gredos. Madrid. 1995. Seiten 228-229.

[12] AQUINAS, ST. THOMAS. *The Summa Theologica*. Latin &

English. Translated by Fathers of the English Dominican Province. Benziger Bros. Edition. 1947. I, q.52 a.3 Resp. https://isidore.co/aquinas/summa/index.html.

[13]SOTO POSADA GONZALO. *La concepción de los ángeles y el origen del mal en Tomás de Aquino.* Cuestiones teológicas. Volumen 33. N° 80. Universidad Pontificia Bolivariana. Seiten 337-358. Medellín. Colombia. 2006.

[14]SOTO POSADA GONZALO. *La concepción de los ángeles y el origen del mal en Tomás de Aquino.* Cuestiones teológicas. Volumen 33. N° 80. Universidad Pontificia Bolivariana. Seiten 337-358. Medellín. Colombia. 2006.

[15]Vgl VON AQUIN, THOMAS (SANKT). *Summa Theologiae* I, q.83 a.2 Resp.

[16]AQUINAS, ST. THOMAS. *The Summa Theologica.* Latin & English. Translated by Fathers of the English Dominican Province. Benziger Bros. Edition. 1947. I-II, q.23 a.4 Resp.*in fine.* https://isidore.co/aquinas/summa/index.html.

[17]Cf. ALVARADO MARAMBIO JOSE TOMAS. *Dos alternativas de ontología angélica.* Cuestiones teológicas. Volumen 41. N° 95. Medellín. Colombia. 2014. Pages 75-96.

[18]AQUINAS, ST. THOMAS. *The Summa Theologica.* Latin & English. Translated by Fathers of the English Dominican Province. Benziger Bros. Edition. 1947. I, q.108 a.2 Resp.https://isidore.co/aquinas/summa/index.html.

[19]GILSON ÉTIENNE. *El Tomismo.* Introducción a la filosofía de Santo Tomás de Aquino. Ediciones Desclée, de Brouwer. Buenos Aires. 1951. Seite 242.

www.ingramcontent.com/pod-product-compliance
Lightning Source LLC
Chambersburg PA
CBHW071211240526
45470CB00018B/1713